青少年安全意外与卫生应急手册

彭争荣　主编

世界图书出版公司

上海·西安·北京·广州

图书在版编目（CIP）数据

青少年安全意外与卫生应急手册/彭争荣主编. —
上海：上海世界图书出版公司，2020.4
ISBN 978-7-5192-7027-8

Ⅰ. ①青… Ⅱ. ①彭… Ⅲ. ①安全教育-青少年读物
②急救-青少年读物 Ⅳ. ①X956-49②R459.7-49

中国版本图书馆CIP数据核字（2020）第045391号

书　　名　青少年安全意外与卫生应急手册
　　　　　　Qingshaonian Anquan Yiwai yu Weisheng Yingji Shouce
主　　编　彭争荣
责任编辑　李　晶
出版发行　上海世界图书出版公司
地　　址　上海市广中路88号9–10楼
邮　　编　200083
网　　址　http://www.wpcsh.com
经　　销　新华书店
印　　刷　上海景条印刷有限公司
开　　本　787 mm × 1092 mm　1/16
印　　张　14.25
字　　数　200千字
版　　次　2020年4月第1版　2020年4月第1次印刷
书　　号　ISBN 978-7-5192-7027-8/X·4
定　　价　80.00元

青少年安全意外与卫生应急手册
编委名单

主 编

彭争荣

副主编

彭楚雄　黄芳玲

编 委

（排名不分先后）

彭争荣　陈立早　葛晓莉　王素娥　黄艳青
匡栩源　刘 巍　孙怀志　刘 舟　刘青红
汪 洋　黄芳玲　彭楚雄　徐亚洵　彭楚玉

前　言

世界卫生组织（World Health Organization，WHO）将青少年期（或青春期）（adolescence）确定为年龄在 10 至 19 岁之间，在儿童期之后、成人期之前人体出现增长和发育的一个阶段。青春期是决定个体生理、心理、社会适应能力和道德观念的关键时期。青少年期间下丘脑和垂体分泌的激素在体内不断增多，这些激素是人体发育的催化剂，加速了青少年生理上的突变。进入青春期的青少年不但身高、体重迅速增长，而且神经系统、骨骼和内脏器官的生理功能都在迅速增强。同时，性发育是青春期最重要的特征之一，它包括内外生殖器官的形态变化、生殖功能的发育和成熟、第二性征的发育等。青春期的心理特点既带有童年的痕迹，又出现了某些成年人心理特征的萌芽。半成熟半幼稚、独立性与依赖性、自觉性与冲动性等错综交织的，矛盾充斥着他们的内心世界。

青少年期这一过程是为成年期做出准备的阶段，在这一时期会有若干重要发展体验。除了身体、性方面和心理等方面变得成熟之外，这些体验包括步入社会和经济独立以及个性发展，获得用来建立成人关系并发挥成年人作用所需的技能，以及抽象推理能力等。青少年期是生长很快并且具有很大潜力的时期，它也是面临很大危险，社会环境对其造成强有力影响的时期。许多青少年因意外事故、自杀、暴力、与妊娠有关的并发症以及可预防或可治疗的其他疾病而过早死亡。还有更多的人患有慢性健康不良和残疾。此外，成年期的许多严重疾病的根源在青少年期，例如，烟草使用、性传播感染（包括艾滋病毒）、不良的饮食和运动习惯等，导致在以后的生活中发生疾病或过早死亡。有资料显示随着现代医学科学技术的提高，以往主要危害青少年健康的传染性疾病相继得到有效控制，意外伤害已成为影响青少年健康的首要因素。因此，社会各界对于青少年的卫生应急及意外伤害应当予以高度重视。

通过科学的方法可以探寻导致伤害发生的危险因素，而通过对危险因素的预测和控制，就可以达到减少伤害发生或者减轻伤害程度的目的。比如玩轮滑或骑自行车时戴上头盔、乘坐汽车时系上安全带，都是通过科学的方法以及一系列试验，并且在实际应用中取得显著保护成效（减少死亡和严重伤残）的措施。同样青少年如果正确掌握卫生应急知识，也可以在伤害发生后及时进行正确的处理，避免伤害进一步加重，使损失降到最低。我们应该明确的是：仅仅依靠社会、学校、家长对青少年进行保护是不够的，更重要的是给予他们正确的教育和引导，树立自护自救观念，形成自护自救意识，掌握自护自救知识，锻炼自护自救能力，使他们能够果断合理地进行自护自救，恰当地处置遇到的各种异常情况或危险。

目前已有一些关于青少年卫生应急与意外伤害方面的读本，如《学生意外事故防范》《学生安全应急知识读本》《青少年地震应急手册》《青少年应急自救知识读本——火灾防范与自救》等，很多学校或其他机构也经常组织青少年进行应急避险的培训。但是综观各种科普读本，水平参差不齐，缺乏统一标准，且编写者基本为非医疗行业人员，在某些问题的处理上尚有分歧，也欠缺一定的可读性和趣味性，青少年的自身特点决定了对于他们的教育一定要避免教条化，否则短时间的灌输并不能真正做到学以致用。另外很多培训的组织者和执行者甚至自身应对各类突发公共卫生事件的知识、技能也存在较多不足，更加难以正确指导青少年掌握相关知识。因而，针对目前的问题，迫切需要一个科学严谨、可读性强的科普读本来作为青少年安全教育的示范，各地组织相关培训时，也可以此为教材，更好地推进青少年卫生应急和安全意外教育工作。很荣幸本书获得湖南省科技厅技术创新引导计划——科普专题项目资助。

本书主要内容分为青少年生理心理基础、应急常用技术、常见安全意外应急和常见卫生应急四个部分。青少年生理心理基础部分简要叙述青少年生理、心理特点和基本特征，并介绍了影响青少年生理心理发育的因素等。应急常用技术部分以图片和文字相结合的方式简单介绍现场初级救护、心肺复苏术、创伤急救技术、抗休克术等常用应急技术。常见安全意外应急部分以图片和文字相结合的方式简单介绍青少年常见的如气管异物、溺水、食物中毒等意外以及地震、雷击等自然灾害的应急方法。常见卫生应急部分同样以图片和文字相结合的方式简单介绍青少年常见的如心悸、疼痛、感冒、抽搐、呕吐与腹泻、耳聋、醉酒、心理异常等疾病与症状的应急处理方法。

本书文字通俗易懂简明扼要，图片采用自我绘制方式，尽量避免专业性较强，对医学素养要求较高的处置方法，以减少失误的概率。力求所有处置方法为青少年一般知识和能力范围内能够掌握和运用的。并且让青少年自身以及其他与青少年有密切联系的人员及其他读者能更加深入理解和掌握常见应急和安全意外处理方法，更有利于加强防范主观可控的安全和卫生意外的发生。

少年强则国强。青少年身心健康、体魄强健、意志坚强、充满活力是一个民族生命力旺盛的体现，是社会文明进步的标志，关系到民族的未来和国家的昌盛。因而上到国家，下到个人都对青少年的安全问题非常重视。然而目前多数儿童青少年和家长、老师等对某些意外伤害仍然认识不足，也缺乏常规卫生应急和预防伤害、伤害后合理处置的相关知识，因此需要进行有关知识的健康教育。一本科学严谨、可读性强的青少年卫生应急和安全意外的科普读本再加上大范围的学习和推广，势必对青少年的健康成长具有重大的意义。

编　者

目　录

第一章　青少年期生理心理基础

世界卫生组织（World Health Organization，WHO）将青少年期或青春期（adolescence）确定为年龄在 10～19 岁，在儿童期之后、成人期之前人体出现增长和发育的一个阶段。初中阶段（十一二岁至十四五岁）被称为少年期，高中阶段（十五六岁至十七八岁）被称为青年初期。处于这两个阶段的青少年正值青春发育时期，故又被称为青春发育期（adolescence puberty）。青春期是人体迅速生长发育的关键时期，也是继婴儿期后，人生第二个生长发育的高峰。女孩的青春期一般是 12～18 岁，男孩比女孩晚 2 年进入青春期。由于神经系统和内分泌的影响，人体的形态和功能以及心理都会出现显著的变化（图 1-0-1）。

根据青春期不同阶段的生长发育特点，可将青春期分为早、中、后三期。

1. 青春早期

主要表现是生长突增，出现身高的突增高峰，性器官和第二性征开始发育，一般约持续 2 年。

2. 青春中期

以性器官、第二性征的迅速发育为特征，出现月经初潮（女）或首次遗精（男），持续 2～3 年。

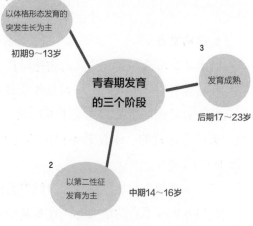

图 1-0-1　青春期的三个阶段

3. 青春后期

体格生长速度逐步减慢，直至骨骺完全融合；性器官、第二性征继续发育，直至成人水平；社会心理发展过程加速，通常持续 2～3 年。

青春期是决定个体生理、心理、社会适应能力和道德观念的关键时期。如何使青少年健康、顺利地度过青春期，是青少年卫生学的重要任务之一。本章节主要简单介绍青少年期生理特点、心理卫生、基本特征及影响因素等，为后面叙述青少年安全意外与卫生应急具体部分打下基础，以便更容易理解。

第一节 青少年期生理心理发育特点

青春期是从童年到成年的过渡时期，在生理、心理等方面有许多变化。

（一）生长发育特点

1. 内分泌变化引起机体骤变

青少年期人体功能和形体上的巨大变化，是在体内激素的作用下发生的。青少年期间，生长激素、促肾上腺皮质激素、促甲状腺素、促性腺素等的分泌也达到了新的水平。生长激素直接作用于全身的组织细胞，促进机体生长；促甲状腺素促进甲状腺生长；促性腺素促进生殖系统的发育成熟；促肾上腺皮质素刺激肾上腺皮质活动，肾上腺皮质产生糖皮质类固醇和性激素。这些激素是人体发育的催化剂，加速了青少年生理上的突变。

2. 体格发育

（1）**身高增长加速** 身高的快速增长是青春发育期身体外形变化最明显的特征。据统计，在青春发育期期间，平均每年长高 6～8 cm，甚至达到 10～12 cm 之多。身高的增长标志着骨骼的生长，先是下肢增长，然后是脊柱伸长。身体长高固然有先天因素，但后天的合理营养、体育锻炼和科学的生活作息习惯，也有利于个子长得高、长得快（图 1-1-1）。

（2）**体重增长加速** 体重是身体发育的一个重要标志，体重反映肌肉的发展、骨骼的增长以及内脏器官的增大等。在身高增长的同时，体重也迅速增加，其变化规律与身

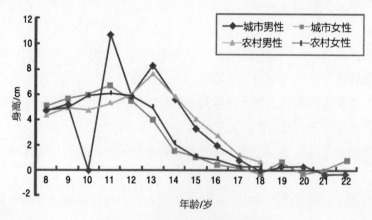

图 1-1-1 青少年期身高快速增长

高相似，但突增高峰出现不如身高明显，且在青春期后仍可增长。青春发育期体重年平均增长量达 4.5～5.5 kg。

（3）形态的变化　进入青春期后，男性表现为喉结突出，声音变粗，长胡须，阴毛、腋毛先后出现。而女性则为声音高亢，乳房发育，骨盆变宽，臀部变大，阴毛、腋毛也先后出现。

3. 身体功能的增强

进入青春期的青少年不但身高、体重迅速增长，而且神经系统、骨骼和内脏器官的生理功能都在迅速增强。

（1）脑　主要表现在脑对人体的调节功能大大增强，推理与论证等能力都逐步提高，易接受新生事物。与此同时，大脑皮质的兴奋性较强，遇事好冲动，思维和注意力较差，但可塑性强。

（2）心脏　心肌增厚，心缩增强，心功能显著提高。到 17～18 岁心脏每搏输出量为 60～70 ml，已近成人。

（3）肺脏　10 岁时肺活量还只有 1 400 ml 左右，到 14～15 岁时肺活量已明显增大到 2 000～2 500 ml。

（二）青春期性发育特点

性发育是青春期最重要的特征之一，它包括内外生殖器官的形态变化、生殖功能的发育和成熟、第二性征的发育等。

1. 男性性发育

（1）性器官形态发育　男性生殖器官分内、外两部分。内生殖器包括睾丸、输精管道和附属腺，外生殖器包括阴囊和阴茎。男孩的青春期性发育存在很大个体差异，但各指征的出现顺序大致相似：睾丸最先发育，1 年后阴茎开始发育，与此同时出现身高突增。

（2）性功能发育　随着睾丸的生长，青春期的生殖功能也开始发育。遗精是男性青春期生殖功能开始发育成熟的重要标志之一，也是青春中、后期健康男性都会出现的正常生理现象。首次遗精发生后，身高生长速度逐步减慢，而睾丸、附睾和阴茎等迅速发育并接近成人水平。

（3）第二性征发育　主要表现除阴毛、腋毛、胡须、毛发改变等外，还有变声和喉结出现。应注意：约半数以上的男孩会有乳房"一过性"发育，通常开始于一侧，乳晕下出现小硬块，有轻度隆起和触痛感，一般半年左右消退。迟迟不消退者应做进一步检查。

2. 女性性发育

（1）性器官形态发育　女孩生殖器官分内、外两部分。内生殖器包括阴道、子宫、输卵管及卵巢。外生殖器包括阴阜、大小阴唇、阴蒂、前庭和会阴。进入青春期后，在性激素的作用下，内、外生殖器迅速发育。

（2）性功能发育　女性性功能发育最重要的指标是月经初潮，被称为女性性发育过程中的"里程碑"。从初潮开始至更年期，子宫内膜受性激素影响，发生周期性的坏死脱落，伴出血，即为月经。

（3）第二性征发育　主要指乳房、阴毛和腋毛的发育。

（三）青春期的心理发育特点

青春期的心理特点既带有童年的痕迹，又出现了某些成年人心理特征的萌芽。半成熟半幼稚、独立性与依赖性、自觉性与冲动性等错综交织的，矛盾充斥着他们的内心世界。

1. 智力发展显著

青少年期由于大脑功能的不断增强，生活空间的不断扩大，社会实践活动的不断增多，其认知能力获得了长足发展。这个时期，他们的感觉、知觉灵敏，记忆力、思维能力不断增强，逻辑思维能力逐步占据主导地位，通过分析、综合、抽象、概括、推理、判断来反映事物的关系和内在联系，并从片面化和绝对化的逻辑思维向辩证思维过渡，更多地利用理论思维，而且思维的独立性、批判性、创造性都有显著的提高。

2. 自我意识增强

个体进入青少年时期，随着对外界认识的不断提高，生活经验的不断积累，开始对自己的内心世界和个性品质方面进行关注和评价，并且凭借这些来支配和调节自己的言行。但在相当长的一段时间内，他们并没有形成关于自己的稳固形象，也即是说，他们的自我意识还不够稳定。在对自己作出评价时，有时会过分夸大自己的能力，突出自己的优点，对自我评价过高，导致沾沾自喜，甚至居高自傲、盛气凌人的心理。一旦遇到暂时的挫折和失败，他们往往又会走入另一极端，灰心丧气、怯懦自卑、抑郁不振，甚至自暴自弃。评价别人时也常带有片面性、情绪性和波动性。而且，他们对于周围人给予的评价非常敏感和关注，哪怕一句随便的评价，都会引起内心很大的情绪波动和应激反应，以致对自我评价发生动摇。

3. 性意识的觉醒和发展

青少年时期第二性征的出现，意味着性机能的逐渐成熟。这一变化反映在心理上会引起性意识的觉醒。性意识的觉醒，指青少年开始意识到两性的差别和两性的关系，同时也带来一些特殊的心理体验，如有的青少年对自己的性特征变化感到害羞和不安，对异性的变化表示好奇和关注等。青少年性意识有一个持续发展的过程，这个过程大致可分为3个阶段：①疏远异性阶段；②接近异性阶段；③恋爱阶段。

4. 情感的发展与现实的矛盾

青少年在情感发展过程中表现出来的丰富的心理特点，并非孤立存在，它们错综复杂交织在一起，构成了影响青少年心理发展的各种矛盾。这些矛盾集中地反映了青少年发育过程中的心理特点，研究这些矛盾可以更好地认识青少年心理发展的规律。现将这一时期产生的几个主要矛盾做一个简单的分析。

（1）独立性与依赖性的矛盾

青春期的少年在心理特点上最突出的表现是出现成人感，由此而增强了少年的独立意识。如他们渐渐地在生活上不愿受父母过多的照顾或干预，否则心理便产生厌烦的情绪；对一些事物是非曲直的判断，不愿意听从父母的意见，并有强烈的表现自己意见的愿望；对一些传统的、权威的结论持异议，往往会提出过激的批评之词。但由于其社会经验、生活经验的不足，经常碰壁，又不得不从父母那寻找方法、途径或帮助，再加上经济上不能独立，父母的权威作用又迫使他去依赖父母。

（2）成人感与幼稚感的矛盾

青春期少年的心理特点突出表现是出现成人感——认为自己已经成熟，长成大人了。因而在一些行为活动、思维认识、社会交往等方面，表现出成人的样子。在心理上，渴望别人把他看作大人，尊重他、理解他。但由于年龄不足，社会经验和生活经验及知识的局限性，在思想和行为上往往盲目性较大，易做傻事、蠢事，带有明显的小孩子气和幼稚行为。

（3）开放性与封闭性的矛盾

青春期的少年需要与同龄人，特别是与异性、与父母平等交往，他们渴望他人和自己一样彼此间敞开心灵来相待。但由于每个人的性格、想法不一，使他们的这种渴求找不到释放的对象，只好诉说在日记里。这些日记写下的心里话，又由于自尊心，不愿被他人所知道，于是就形成既想让他人了解又害怕被他人了解的矛盾心理。

（4）渴求感与压抑感的矛盾

青春期的少年由于性的发育和成熟，出现了与异性交往的渴求。比如喜欢接近异性，想了解性知识，喜欢在异性面前表现自己，甚至出现朦胧的爱情念头等。但由于学校、家长和社会舆论的约束、限制，使青春期的少年在情感和性的认识上存在着既非常渴求又不好意思表现的压抑的矛盾状态。

（5）自制性和冲动性的矛盾

青春期的少年在心理独立性、成人感出现的同时，自觉性和自制性也得到了加强，在与他人的交往中，他们主观上希望自己能随时自觉地遵守规则，力尽义务，但客观上又往往难以较好地控制自己的情感，有时会鲁莽行事，使自己陷入既想自制，但又易冲动的矛盾之中（图1-1-2）。

（6）求知欲强与识别力低的矛盾

青少年具有极强的求知欲，这有利于增长知识，但由于识别能力低，往往瑕瑜不分，糟粕不辨。这一矛盾在青少年心理发展的过程中表现得尤为突出，必须正视这一问题。

图 1-1-2　自制与冲动的矛盾

（7）情感与理智的矛盾

青少年情感丰富，情绪不够稳定，往往容易感情用事。虽然他们也懂得一些世故道理，但不善于处理情感与理智之间的关系，常常不能坚持正确的认识和理智的控制而成为情感的俘虏，事后往往为此追悔莫及、苦恼不已。

（8）理想与现实的矛盾

青少年朝气蓬勃、富于幻想、胸怀远大的理想与信念，对未来充满美好的向往。然而他们往往又是急躁的理想主义者，他们对现实生活中可能遇到的困难和阻力估计不足，以致在升学、就业、恋爱等问题上遭受挫折，或一旦困惑于现实生活中某些不正之风，又容易引起激烈的情绪波动，出现沉重的挫折感，有的甚至悲观失望，严重的陷入绝望境地而不能自拔。

（9）性意识的发展与道德规范的矛盾

青少年性意识的觉醒，产生了对异性的爱慕，并且这种爱慕会越来越强烈，于是男女交友、恋爱、婚姻等问题自然出现。这个时期的男女交往有一个特点，就是极其敏感、容易冲动，常表现为激情，而他们此时思想尚未成熟，道德观念不强，意志力薄弱，强大的生理冲击力有时会使他们做出违反道德规范的行为，给身心带来严重的不良后果。所以这个时期就应特别注意将性科学知识教育与伦理道德教育结合起来，使他们的性意识发展走向健康的道路。

青春期的心理就是在这样的矛盾中形成并慢慢趋于成熟的，是一个自然过程。父母要注意尊重与信任孩子，多与孩子交流感情，了解他们的心理，协助孩子把自己的生活安排得充实且有意义。

第二节　青少年期心理卫生概述

心理卫生学是一门新兴综合性学科。是心理学的一般原理及其分支学科的研究成果，并综合医学和其他有关学科如社会学、教育学、法学、环境保护学以及自然科学中的有关知识，探讨人类如何来维护和增进心理健康的原则和措施。以下针对青少年期心理卫生进行简要概述。

（一）青少年心理健康的标准

青少年心理健康的标准如下：① 自我意识良好；② 人格健全；③ 智力正常；④ 情绪乐观；⑤ 意志坚定；⑥ 人际关系和谐；⑦ 社会适应良好；⑧ 心理、行为特点与年龄特征相符合。

（二）青少年心理卫生的内容

青少年心理卫生包括如下内容：① 性心理卫生；② 个性与心理卫生；③ 自我意识与心理卫生；④ 情绪与心理卫生；⑤ 意志与心理卫生；⑥ 学习与心理卫生；⑦ 人际交往与心理卫生；⑧ 生活习惯与心理卫生；⑨ 环境与心理卫生；⑩ 心理危机干预。

（三）青少年心理卫生的意义

探讨青少年的心理卫生有如下意义：① 维护青少年心理健康的需要；② 青少年心理成长的需要；③ 培养高素质人才的需要。

（四）青少年心理卫生的目标

青少年心理卫生的目标可分为一般目标和特殊目标。

1. 一般目标

一般目标包括学会调适和学会寻求发展两个层次，学会调适是基础目标，寻求发展是高级目标。

（1）学会调适的目标包括学会正确地对待自己、接纳自己、化解冲突情绪、确立合适的志向水平、保持个人精神活动的和谐以及矫治不良行为、养成正确的行为等。

（2）学会寻求发展目标包括引导青少年更好地了解自己的潜力与特长，确立有价值的生活目标，担负起社会责任，养成良好的生活习惯，发展建设性的人际关系，过积极而有效率的生活。

2. 特殊目标

特殊目标是针对青少年某个年龄段的特殊矛盾，或针对某个青少年的特殊问题而制定的目标，是比较具体的目标。

第三节　青少年期基本特征

青少年往往被认为是一个健康的群体。然而，许多青少年因意外事故、自杀、暴力、与妊娠有关的并发症，以及可预防或可治疗的其他疾病而过早死亡。还有更多的则患有慢性健康不良和残疾。此外，成年期的许多严重疾病的根源在于青少年期。基于上述原因，我们很有必要进一步了解青少年期的一些基本特征。

（一）青少年期是生理的成熟期

1. 生理成熟是判断青少年期的直接特征和显著标志

多数研究者都是以可观察、测定和调查的身体征候，特别是第二性征来确定青少年期的开始。在我国，青少年第二性征出现的平均年龄为十一二岁，因此这个年龄被我国学者认为是青少年期的开始。在日本等发达国家，出现了青少年身体发展加速的现象，因此，青少年期的起始年龄也被提前，日本学者依田新把10岁作为青少年期的开始，这比一般对青少年期的界定年龄提前约两年。

2. 青少年生理成熟期的主要特征

处于生理发育成熟期的青少年，主要有三个特征：① 身高体貌的显著变化；② 第二性征的出现；③大脑神经系统的日趋完善。这些变化是全面的，无论生理的不同部分先前的发展速度有何不同，到了这个时期，它们几乎都达到了它们发展的最高水平；这些变化也是深刻的，它们是个体生理的第二次突变，是生理由量的积累向质的转变的具体表现。

（二）青少年期是心理的断乳期

1. 心理发展是刻画青少年期的重要内容

心理发展主要指个体的认知、情感、人格、人际关系、社会化、信仰与心理健康等方面的发展。许多研究者都根据心理发展状况对青少年期进行划分。如埃里克森就依据心理冲突的性质将人生划分为信任感-不信任感、自主感-羞怯感等八个阶段，其中青少年期处于自我同一感-自我混乱感阶段。日本学者牛岛从精神结构的变化将儿童发展阶段划分为：乳儿期是身边生活时代，幼儿期是想象生活时代，童年期是知识生活时代，青年期是精神生活时代，成年期是社会生活时代。

2. 青少年期是心理的断乳期

心理断乳既意味着告别儿童时代的认知方式和生活方式，从心理上重建人生，实现自我更新，也意味着摆脱过去与外界的联系方式，缔造新的生活世界。按埃里克森的解释，"自我同一性危机"发生在青少年期，这种危机恰好就是青少年期心理断乳的典型表现。因为在这个阶段，新的自我虽然觉醒，但尚未完全形成，个体处于对旧自我的"厌恶"和寻求新自我的"焦虑"之中。另外，心理断乳还表现为个体的逆反心理和对抗性行为的崛起。

（三）青少年期是社会化的关键期

1. 社会化任务是划分青少年发展阶段的重要依据

个体青少年期的社会化任务主要是与他人和社会建立合理的关系。许多研究者把社会化状况作为判断青少年结束期的重要指标。如日本学者津留认为，青少年期结束阶段的社会化特点是具备对个人行为的社会责任感，具有能够理解社会准则和常识的判断能力，掌握社会生活所必需的共同性等。

2. 青少年期是社会化的关键期

哈维格斯特（R. J. Havikghurst）为青少年期列举了近20项发展课题，如完成人格的独立性、学习成年男性或女性的社会作用、选择和准备从事的职业、作结婚和家庭生活的准备等。日本学者桂川介把青少年期的发展课题概括为五点：从家庭的监督下独立，同朋友正当交际，同异性正当接触，确立人生观和价值观，计划未来的生活。从内容上看，这些发展课题无疑都与社会化有关，对个体此后的生活具有极其重要的价值。从实现过程看，这些课题也是对处于青少年期的个体的极大挑战。因为个体大多要在不断解决重重矛盾冲突的过程中完成这些课题，所以这个时期的社会化过程绝非一帆风顺。总而言之，青少年要在充满挑战的人生阶段完成非常重要的社会化发展任务，同时这也彰显出青少年期是个体社会化的关键期。

第四节　影响青少年生理心理发育的因素

青春发育期是指青少年从10～19岁的这一时间段，这个时期的青少年正处于身体和心灵的发育阶段。这一时期影响青少年生理心理发育的因素众多（图1-4-1），简述如下。

1. 遗传因素

据调查表明，青少年的身高、体重、躯干与四肢的比例，受种族和遗传的影响。遗传影响青少年生长发育的潜力很大，如高个子的父母其子女个子也高，父母矮的子女也矮。在良好的环境下成长，其高度75%取决于遗传因素，只有25%取决于后天生活条件。

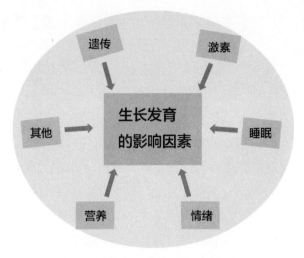

图1-4-1 影响生长发育因素

2. 营养因素

营养是青少年生长发育的物质基础（图1-4-2）。身体各组织器官的生长发育，机体各种功能的调节，促进性成熟的各种激素的原料，均需补充营养物质，才能保证青少年的正常发育，并最大限度地发挥遗传的潜能。身体各组织器官的发育有早有晚，不同时期需要的营养素不同。如青春发育期骨骼、肌肉及性器官的发育极快，如这段时期营养充足，可以促进发育，反之将推迟青春期的发育。

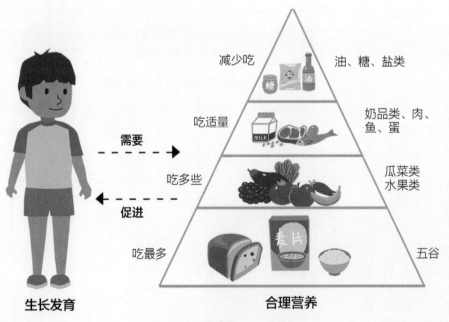

图1-4-2 营养影响生长发育

3. 激素的作用

激素是一类化学物质，人体内含量很少。对维持人体正常的生命活动，特别是青春期的发育，起着非常重要的调节作用。机体的内分泌腺，如垂体腺、甲状腺、甲状旁腺、肾上腺、胰岛、性腺如女性卵巢的卵泡细胞和黄体等分泌的激素，直接进入血液循环，奔赴它们作用的靶细胞，参与机体代谢，发挥其生理功能。

4. 劳动和体育锻炼因素

正常的体力劳动和体育锻炼，是促进青少年生长发育、增强体质、加强毅力的重要手段。将使青少年的成长终身受益。

5. 睡眠因素

为保证青少年的生长发育，充足的睡眠起着相当大的作用。促进生长发育的生长激素在睡眠时比清醒时分泌量大。如清醒时，生长激素在血浆中的浓度为 $1\sim5\ \mu g/ml$；而睡眠时为 $10\sim20\ \mu g/ml$，甚至达 $40\sim50\ \mu g/ml$。所以青少年一定要有充足的睡眠，保证其体内生长激素的含量，使其健康地成长发育。

6. 情绪因素

发育期的青少年，情绪对生长发育也起着至关重要的作用，长时期情绪的抑郁、恐惧、紧张均可影响青少年的身心发育。研究表明，长期得不到父母的抚爱、或父母离异，长期心情郁闷，其身高比其他得到爱抚的青少年低些，因为郁闷的青少年其体内生长激素的分泌量，比心情愉快的青少年少。

总之，青少年的生理心理发育是一个非常复杂的变化过程。除上述因素外，其他因素如气候、疾病、环境污染、生活无规律等，对青少年的生理心理发育也有一定的影响。

第二章　应急常用技术

应急是指应对突然发生的需要紧急处理的事件。其中包含两层含义：客观上，事件是突然发生的；主观上，需要紧急处理这种事件。国外钱伯斯词典把应急（emergency）定义为：突然发生并要求立即处理的事件。根据突发事件的发生过程、性质和机制，我国把突发事件分为以下4类。

1. 自然灾害

大自然引入的灾害。应对自然灾害是人对自然的斗争。自然造成破坏，人来抢救与恢复；自然通常不会对于人的抢救与恢复做出进一步对抗性反应。主要包括水旱灾害、气象灾害、地震灾害、地质灾害、海洋灾害、生物灾害和森林草原火灾等。

2. 事故灾难

事故灾难是指人为灾难，是由人类故意或者过失造成的灾难。主要包括工矿商贸等企业的各类安全事故、交通运输事故、公共设施和设备事故、环境污染和生态破坏事件等。

3. 公共卫生事件

主要包括传染病疫情、群体性不明原因疾病、食品安全和职业危害、动物疫情以及其他严重影响公众健康和生命安全的事件。

4. 社会安全事件

主要包括恐怖袭击事件，经济安全事件和涉外突发事件等。

应急是一个大范围的概念。本书主要是叙述有关青少年的安全意外和卫生这两方面的应急。侧重普及青少年对安全意外事件和常见疾病的认知、应急及如何预防等知识，从而有利于青少年更加健康的成长。所以在本章中有必要针对常见的应急技术进行简单的介绍。

第一节　现场初级救护

当应急情况发生时，急救员利用现场可提供的一切条件为伤病者实施符合急救操作规范的及时、科学、有效的初步救护（帮助），是在医务人员到达前所实施的现场救治。

1992 年美国心脏病学会对心脏骤停提出生存链这一急救的新概念。认为，猝死垂危患者的现场无形中存在着一条"链"。这条链由 4 个"早期"构成。环环相扣，紧密相连。4 个早期：① 早期通路（救护车通知）；② 早期心肺复苏；③ 早期心脏除颤；④ 早期高级生命支持（图 2-1-1）。

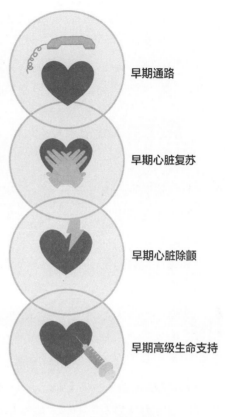

早期通路

早期心脏复苏

早期心脏除颤

早期高级生命支持

图 2-1-1　4 个早期

（一）现场评估

通过眼睛观察、耳朵和鼻子感觉等对异常情况做出分析判断。评估情况：环境是否存在继续致伤病的因素，伤病情（人数、致伤原因、伤情轻重等）；保障安全：场地、伤病员、围观者；个人防护：保护施救者。

（二）判断危重病情

根据以下几个方面对患者病情进行判断。

1. 意识　通过高声呼唤、轻轻拍打，判断患者神志是否清醒。

2. 气道　能否说话、咳嗽，是否气道梗阻。

3. 呼吸　是否变快、变浅乃至不规则叹息样，呼吸如停止，立即实施人工呼吸。

4. 循环体征　皮肤颜色、脉搏快慢强弱。

5. 瞳孔反应　对光反应情况，是否变大、变小、变形，或一大一小等。

完成以上评估后，再对伤员头、颈、胸、腹、骨盆、脊柱、四肢、皮肤等进行检查，判断伤员受伤情况。

（三）真死和假死的判断

患者死亡具有如下特征：① 呼吸停止；② 心跳停止；③ 瞳孔扩大，对光反射消失；④ 角膜反射消失。若只出现上述 1～2 个征象，为假死。若 4 个征象齐备，并且用手捏眼球时，瞳孔变形，即为真死。

（四）意识障碍应急处理

如遇意识障碍患者，其应急处理须遵循以下处理原则。

1. 在遵循一般处理原则的前提下，可使患者躺下，保持呼吸道通畅。

2. 使头偏向一侧，防止呕吐物误吸入气道。

3. 如心跳、呼吸停止，予以心肺复苏术（简称 CPR）。

4. 迅速求助专业医护人员或送医院急救。

（五）拨打 120 急救电话

拨打 120 急救电话告知的内容应包括如下几项内容。

1. 你（报告人）的姓名、联系方式。

2. 所在的准确地点，附近的显著标志。

3. 患者的病因，如撞伤、心脏病、蛇咬伤等。

4. 患者人数，发病现场特殊情况。

5. 伤情严重程度，转送医院要求。

注意：不要先放下话筒，要等救援医疗服务机构调度人员先挂断电话。

（六）电话呼救后准备

1. 应派人在患者所在地附近明显地方等候救护车的到来，以便及时引导救护车出入。

2. 清除楼梯或走道上影响搬运患者的杂物，以利患者顺利通过。

3. 准备好患者必须携带物品。

4. 在呼救 20 分钟后，如果救护车还未到达，可再次电话联系。患者情况许可时，不要另找车辆，以免重复。

（七）救护员的注意事项

1. 表明身份，并呼叫现场人员，协助参与救护。

2. 尽可能使用个人防护用品（如口罩、手套、眼罩、呼吸面膜等）。

3. 避免被患者身上或现场的尖锐物品刺伤。

4. 对患者物品要妥善保存，贵重物品要有人证，要注意保护现场。

第二节　心肺复苏术

心肺复苏（cardiopulmonary resuscitation，CPR）就是针对骤停的心跳和呼吸采取的"救命技术"。其目的是利用人工呼吸及胸外心脏按压，使氧气进入血液，使血液在人体内循环，到达脑部及心脏等人体重要部位，以维持生命。人体死亡不是一个急刹车，而是存在一定时间段的过程。及时有效的救治可以维持生命的继续存在。

（一）概述

1. 时间就是生命

10 s：意识丧失，突然倒地

30 s：全身抽搐，呼吸断断续续

60 s：自主呼吸逐渐停止，瞳孔放大

3 min：出现脑水肿，脑细胞开始损伤

4～6 min：开始出现脑细胞不可逆损伤

10 min：出现"脑死亡"，即使抢救成功也多是植物人

2. 抢救开始时间与抢救成功率

4 min 开始心肺复苏成功率 50%

4～6 min 开始心肺复苏成功率 10%

6～10 min 开始心肺复苏成功率 4%

10 min 后开始心肺复苏成功率 1%～2%

CPR 每延迟 1 min，抢救成功率下降 7%～10%

脑细胞在循环停止 4～6 min 即发生严重损害，所以这段时间里是拯救生命的黄金时间。

3. 心肺复苏的适应证　无意识、无呼吸、无心跳。

4. 心肺复苏的相对禁忌证　胸廓外伤、胸廓畸形、心包填塞、肋骨骨折。

（二）心肺复苏十大步骤

1. 现场评估

周围环境是否安全；观察有无毒气、煤气、电流、落石、塌方、火灾、洪水、高空坠物、人群拥挤、高速汽车等危险因素存在。

2. 判断意识

判断伤员意识状态，有无昏迷：轻拍高唤。成人儿童在耳边呼唤，轻拍肩部；对婴幼儿判断的方法是拍击足底、掐上臂。

3. 呼救

请周围人帮助，打 120、110 电话，共同救治伤员。

4. 摆正体位

呼救的同时，应迅速将患者摆放成仰卧位，翻身时整体转动，保护颈部（图 2-2-1）；

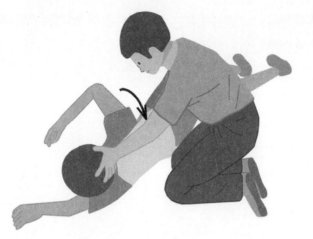

图 2-2-1　颈椎损伤翻转

图 2-2-2　开放气道

身体平直，无扭曲；摆放的地点：要求地面或硬板床，坚硬、绝缘、安全。

5. 开放气道

（1）首先清理口腔，将其头偏向一侧，用手指探入口腔，清除分泌物及异物。

（2）仰头举颌法打开气道，解除舌根后坠对气道的压迫，开放气道（图 2-2-2）。

6. 检查有无自主呼吸

方法：一看二听三感觉。① 看胸部起伏；② 听呼吸声；③ 脸颊感觉呼吸。

7. 人工呼吸

肺位于富有一定弹性的胸廓内，当胸廓扩大时，肺也随着扩张，于是肺的容积增大，外界空气进入肺内，即为吸气；当胸廓缩小时，肺也随之回缩，肺内气体排出体外，即为呼气。对呼吸停止的人，可根据以上原理用人工被动扩张与缩小胸廓的方法，使空气重新进出肺脏，以实现气体交换，称为人工呼吸法。人工呼吸方法较多，最有效的是口对口吹气法（图 2-2-3）。

人工呼吸(口-口)

人工呼吸(口-鼻)

人工呼吸（效果观察）

图 2-2-3　人工呼吸

（1）如患者无呼吸，给予慢而深的吹气，吹气时间＞1 s，每分钟成人 10～12 次；儿童 12～20 次；婴儿 12～20 次。

（2）方法：大嘴包小嘴，捏紧鼻孔，贴紧患者口部，观看患者胸部起伏。在两口气之间让肺部排气。

8. 判定有无脉搏

方法：触摸颈动脉。男性在喉结外 1～2 cm，女性气管旁 1～2 cm。如无颈动脉搏动，立即开始胸部按压（图 2-2-4）。

9. 胸外心脏按压

心脏位于胸腔纵隔的前下部，前邻胸骨下半段，后为脊柱，其左右移动受到限制。胸廓具有一定的弹性，挤压胸骨体下半段，可间接压迫心脏，使心脏内的血液排出；放松挤压时，胸廓恢复原状，胸膜腔内压下降，静脉血则回流至心脏。因此，反复挤压和放松胸骨，即可恢复血液循环。

图 2-2-4　颈动脉触摸

（1）操作方法　患者仰卧在木板或平地上。救护者双手手掌重叠，以掌根部放在患者胸骨体的下半段，肘关节伸直，借助于自身体重和肩臂肌的力量，适度用力下压，使胸骨体下半段和相连的肋软骨下陷，随后立即将手放松（掌根不离开患者皮肤），按压深度为成人 4～5 cm，儿童及婴儿为胸廓前后径的 1/3～1/2，按压与放松时间比为 1∶1，如此反复进行。成人每分钟按压 60～80 次；小儿用单手掌根按压，每分钟按压 100 次左右。另外，胸外按压与吹气的比例为 30∶2，5 个循环或 2 min 后，用 10 s 检查呼吸及颈静脉搏动情况，如未恢复，则按压 5 min 后再检查，如此循环往复（图 2-2-5）。

（2）注意事项　救护者只能用掌根压迫患者胸骨体下半段，不可将手平放，手指要

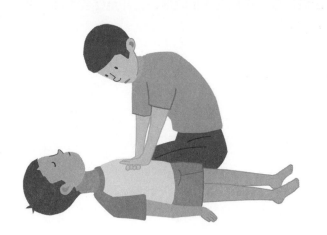

图 2-2-5　胸外按压

向上稍翘起与肋骨离开一定距离；按压方向应垂直对准脊柱；按压时应带有一定的冲击力；用力不可太轻或太大，太轻不能起到间接压迫心脏的作用，太猛会引起肋骨骨折。在就地进行抢救的同时，要迅速请医生来处理。

（3）有效指标　①按压时在颈动脉、股动脉处应摸到搏动，听到收缩压在 60 mmHg以上；②面色、口唇、指甲床及皮肤等色泽转红；③扩大的瞳孔再度缩小；④呼吸改善或出现自主呼吸。只要有前 1～2 项有效指标出现，心脏按压就应坚持下去。

无论是呼吸骤停或心搏骤停，或呼吸与心搏均骤停，在进行现场急救的同时，都应迅速派人请医生来处理。

10. 终止

心肺复苏的终止条件如下。

（1）患者自主呼吸及脉搏恢复。

（2）有他人或专业急救人员到现场。

（3）有医生到场确定伤病员死亡。

（4）救护员筋疲力尽不能继续进行心肺复苏（或抢救 30 min 无效）。

终止复苏的决定还要考虑到一些特殊的因素，如溺水、雷击、儿童、低温等。同时要考虑到情感、伦理、法律及家属的意见等方面问题，以免发生不必要的纠纷。

第三节　创伤急救技术

生活中我们可能会遇到各种意外事故，如交通意外、砸伤、刺伤、咬伤、摔扭伤等。事故发生后的正确处理可以减少患者痛苦，避免进一步的损伤，甚至挽救生命，因此，掌握创伤的基本应急技术是非常必要的。

【应急原则】

1. 先抢后救，先重后轻，先急后缓，先近后远。

2. 先止血后包扎，先固定后搬运。

3. 先救命后治伤。

一、止血术

（一）外伤出血分类

1. 皮下出血　青紫、瘀斑。

2. 内出血

（1）吐血、咯血、便血、尿中有血。

（2）根据有关症状判断。

3. 外出血

（1）动脉出血　血色鲜红，喷射状流出，失血量多，速度快。

（2）静脉出血　血色暗红，非喷射状流出。

（3）毛细血管出血　血色从鲜红变暗红，呈水珠状从创面向外渗出。

（二）失血表现

面色苍白、口渴、冷汗淋漓、手足发凉、软弱无力、呼吸紧迫、心慌气短、脉搏快而弱、血压下降、表情淡漠、甚至神志不清。

（三）常用的止血方法

【加压包扎止血法】（最常用）

适用于各种伤口，是一种比较可靠的非手术止血法。先用无菌纱布覆盖压迫伤口，再用三角巾或绷带用力包扎，包扎范围应该比伤口稍大。这是一种目前最常用的止血方法，在没有无菌纱布时，可使用消毒卫生巾、餐巾等替代（图2-3-1）。

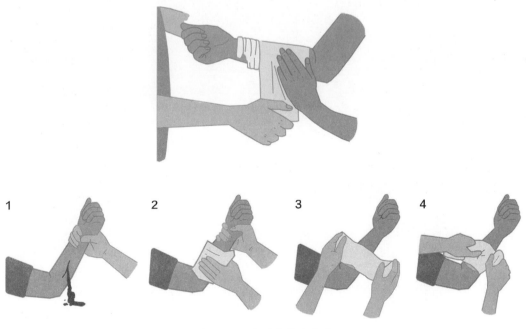

图 2-3-1　加压包扎止血法

【指压动脉止血法】（最专业）

适用于头部和四肢某些部位的大出血。方法为用手指压迫伤口近心端动脉，将动脉压向深部的骨头，阻断血流。优点：止血迅速，不需要任何工具。缺点：止血不能持久，多处、多人难以处理（图 2-3-2 和图 2-3-3）。

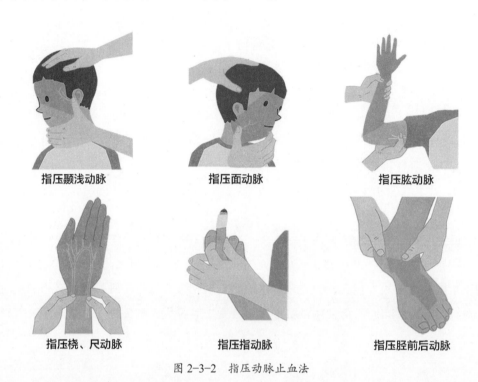

指压颞浅动脉　　指压面动脉　　指压肱动脉

指压桡、尺动脉　　指压指动脉　　指压胫前后动脉

图 2-3-2　指压动脉止血法

1. 头部指压动脉止血法

（1）指压颞浅动脉　适用于一侧头顶、额部、颞部的外伤大出血。在伤侧耳前，一手拇指对准下颌关节压迫颞浅动脉，另一手固定头部。

（2）指压面动脉　适用于颜面部外伤大出血。用一手拇指和示指或拇指和中指分别压迫双侧下颌角前约 1 cm 的凹陷处，阻断面动脉血流，因为面动脉在颜面部有许多小支相互吻合，所以必须压迫双侧。

（3）指压颈动脉　头颈部出血，在胸锁乳突肌中点前缘，将伤侧颈总动脉向后压于第五颈椎上，禁止同时压迫两侧颈总动脉，以防止因脑缺血而致昏迷（图 2-3-3）。

（4）指压锁骨下动脉　肩部腋窝出血，在锁骨上凹向下、向后将锁骨下动脉向下压于第一肋骨上。

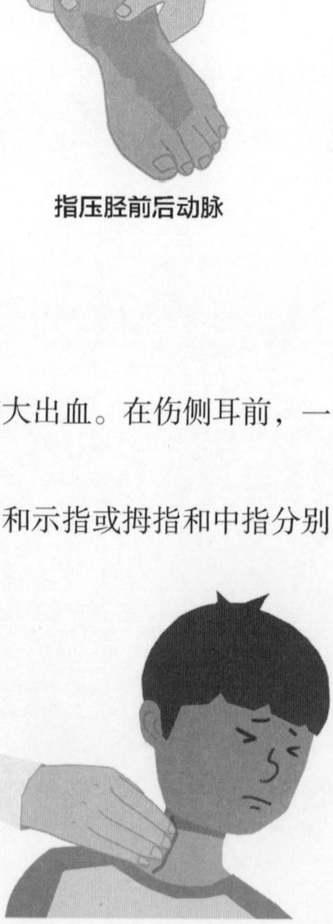

图 2-3-3　指压颈动脉

2. 四肢指压动脉止血法

（1）指压肱动脉　适用于一侧肘关节以下部位外伤大出血。用一手拇指压迫上臂中段内侧，阻断肱动脉血流，另一手固定手臂。

（2）指压桡、尺动脉　适用于手部大出血。用两侧拇指和示指分别压迫伤侧手腕两侧的桡动脉和尺动脉，阻断血流，因为桡动脉和尺动脉在手掌部有广泛的吻合支，所以必须同时压迫双侧。

（3）指压指（趾）动脉　适用于手指（脚趾）大出血。用拇指和示指分别压迫手指（脚趾）两侧的指（趾）动脉，阻断血流。

（4）指压股动脉　适用于一侧下肢大出血。用双手拇指用力压迫伤肢腹股沟中点稍下方的股动脉，阻断股动脉血流，伤员应该处于坐位或卧位（图2-3-4）。

图2-3-4　指压股动脉

（5）指压胫前、后动脉　适用于一侧足部的大出血。用双手拇指和示指分别压迫伤脚足背中部搏动的胫前动脉及足跟与内踝之间的胫后动脉。

【屈肢加垫止血法】

适用于四肢止血，利用自己的肢体帮忙止血，但应注意骨折、骨裂或关节脱位时不能使用（图2-3-5）。

【填塞止血法】

适用于颈部和臀部等处较大而深的伤口，先用镊子夹住无菌纱布塞入伤口内，如1块纱布止不住血，可再加纱布，包扎固定。颅脑外伤引起的鼻、耳、眼等处出血不能用填充止血法（图2-3-6）。

【止血带止血法】

止血带止血法只适用于四肢大血管损伤，出血凶猛，且其他止血方法不能止血时（图2-3-7）。

图2-3-5　屈肢加垫止血

图2-3-6　填塞止血

图 2-3-7　止血带止血

1. 材料

止血带有橡皮止血带（橡皮条和橡皮带）、气性止血带（如血压计袖带）和布带止血带。操作方法各不相同。

2. 使用止血带应注意

（1）部位　上臂外伤大出血应扎在上臂的上 1/3 处，前臂或手大出血也应扎在上臂的上 1/3 处，不能扎在上臂的中部，因该处神经走行贴近肱骨，易被损伤。下肢外伤大出血应扎在大腿中上 1/3 交界处。

（2）衬垫　使用止血带的部位应该有衬垫，否则会损伤皮肤。可扎在衣服外面，把衣服当衬垫。

（3）松紧度　应以出血停止，远端摸不到脉搏为合适。过松达不到止血目的，过紧会损伤组织。

（4）时间　一般不应超过 5 h，原则上每小时要放松 1 次，时间为 1 min。

（5）标记　使用止血带者应有明显标记并把记录贴在前额或胸前易发现部位，写明时间，如立即送医院，则必须当面向值班人员说明扎止血带时间和部位。

【绞紧止血法】

将三角巾折成带状或将其他布带绕伤肢 1 圈，打个活结，取 1 根小棒穿在活结外侧带形圈内，提起小棒拉紧，将小棒依

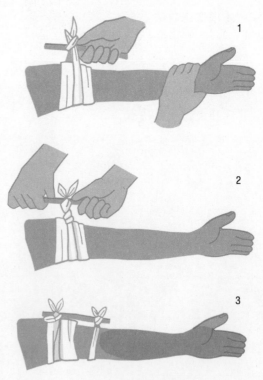

图 2-3-8　绞紧止血

顺时针方向绞紧，将绞棒一端插入活结环内，最后拉紧活结固定。如绞而不紧，失血量反而更多（图2-3-8）。

（四）注意事项

处理伤口和止血时不宜使用：① 外用止血药；② 使用香灰、泥土、烟草止血；③ 用纸币盖在伤口上止血；④ 使用卫生纸；⑤ 其他可能污染伤口或影响伤口愈合的材料。

二、包扎术

伤口包扎在急救中应用范围较广，可起到保护创面、固定敷料、防止污染和止血、止痛作用，有利于伤口早日愈合。包扎应做到动作轻巧，不要碰撞伤口，以免增加出血量和疼痛。接触伤口面的敷料必须保持无菌，以免增加伤口感染的机会。包扎要快且牢靠，松紧度要适宜，打结避开伤口和不宜压迫部位（图2-3-9）。

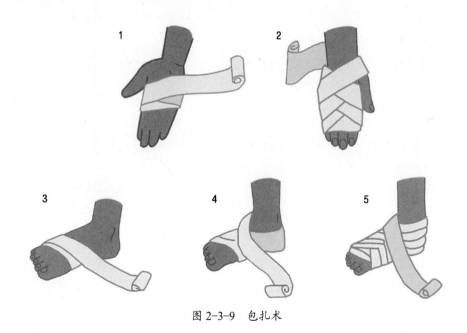

图2-3-9 包扎术

（一）包扎材料（图2-3-10）

1. 三角巾

为了方便不同部位的包扎，可将三角巾折叠成带状，称为带状三角巾；或将三角巾

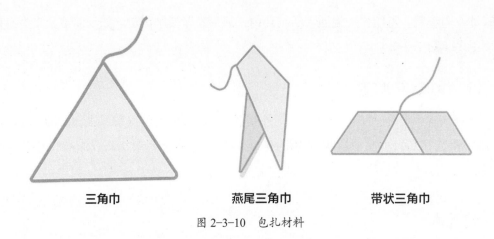

三角巾　　　　　燕尾三角巾　　　　带状三角巾

图 2-3-10　包扎材料

在顶角附近与底边中点折叠成燕尾式，称为燕尾三角巾。

2. 袖带卷也称绷带

绷带是用长条形纱布制成，常用的有宽 5 cm、长 600 cm 和宽 8 cm、长 600 cm 两种。

（二）包扎方法

【头部包扎】

头部的包扎方法有：三角巾帽式包扎、三角巾面具式包扎、双眼三角巾式包扎、头部三角巾十字包扎等（图 2-3-11）。

【颈部包扎】

1. 三角巾包扎　伤员健侧手臂上举抱住头部，将三角巾折成带状，中段压紧覆盖的纱布，两端在健侧手臂根部打结固定（图 2-3-12）。

2. 绷带包扎　方法基本与三角巾相同，只是改用绷带，环绕数周再打结。

【躯干包扎】

1. 三角巾胸部包扎

适用于一侧胸部外伤。将三角巾放于伤侧一边的肩上，使三角巾底边正中位于伤部下侧，将底边两端绕下胸部至背后打结，然后将三角巾顶角的系带穿过三角底边与其固定打结（图 2-3-13）。

2. 三角巾背部包扎

适用于一侧背部外伤。方法与胸部包扎相似，只是前后相反。

3. 三角巾侧胸部包扎

适用于一侧胸部外伤。将燕尾式三角巾的夹角正对伤侧腋窝，双手持燕尾式底边的两端，紧压在伤口的敷料上，利用顶角系带环下胸部与另一端打结，再将 2 个燕尾斜向

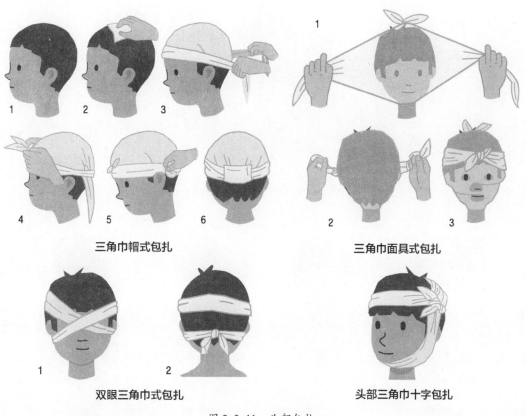

三角巾帽式包扎　　　　　　　　　　　三角巾面具式包扎

双眼三角巾式包扎　　　　　　　　　头部三角巾十字包扎

图 2-3-11　头部包扎

图 2-3-12　颈部包扎

图 2-3-13　三角巾躯干包扎

上拉到对侧肩部打结（图 2-3-14）。

4. 三角巾肩部包扎（图 2-3-15）

（1）单肩包扎　适用于一侧肩部外伤。将燕尾三角巾的夹角对着伤侧颈部，巾体紧压伤口的敷料上，燕尾底部包绕上臂根部打结，然后两燕尾角分别经胸、背拉到对侧腋下打结固定。

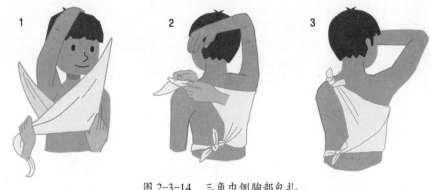

图 2-3-14　三角巾侧胸部包扎

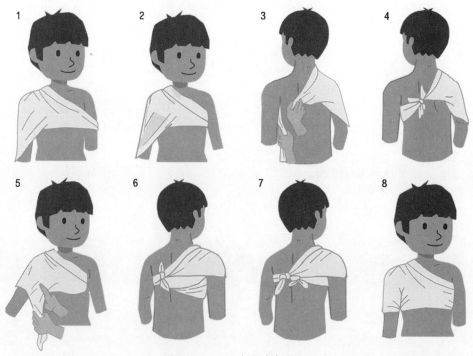

图 2-3-15　三角巾肩部包扎

（2）双肩包扎　将三角巾折成燕尾状，燕尾角分别放在两肩上，燕尾夹角正对颈后中部，两燕尾角过双肩，由前往后包肩，最后与燕尾底边打结。

5.三角巾腋下包扎

适用于一侧腋下外伤。将带状三角巾中段紧压腋下伤口敷料上，再将三角巾的两端向上提起，于同侧肩部交叉，最后分别经胸、背斜向对侧腋下打结固定（图 2-3-16）。

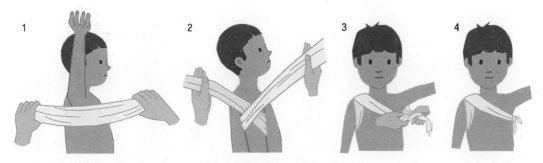

图 2-3-16　三角巾腋下包扎

【腹部包扎】

三角巾腹部包扎：适用于腹部外伤。双手持三角巾两底角，将三角巾底边拉直放于胸腹部交界处，将顶角置于会阴部，然后两底角绕至伤员腰部打结，最后顶角系带穿过会阴与底边打结固定。腹部有内脏脱出时，不要送回腹腔，立即用大块敷料盖住脱出物，外面再用饭碗将其扣住，然后包扎固定（图 2-3-17）。

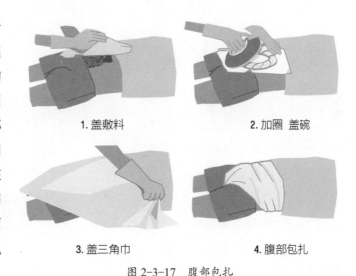

1.盖敷料　　　　　2.加圈 盖碗

3.盖三角巾　　　　4.腹部包扎

图 2-3-17　腹部包扎

【四肢包扎】

1. 单侧臀部包扎

适用于臀部外伤。将三角巾折成燕尾式，燕尾夹角朝下正对大腿外侧，大片在伤侧臀部压住前面的小片，顶角结带与底边中央分别绕腰腹部到对侧打结，两底角包绕伤侧大腿根部打结。

2. 膝部（肘部）带式包扎

将三角巾折叠成适当宽度的带状，将中段斜放于伤部，两端缠绕，返回时分别压于中段上下两边，包绕肢体一周打结。

3. 三角巾手（足）包扎

将三角巾展开，手指或足趾尖对向三角巾的顶角，手掌或足平放在三角巾的中央，指缝或趾缝间插入敷料，将顶角折回，盖于手背或足背，两底角分别折成菱形后，围绕手背（腕部）或足背（踝部）围一圈后，在手背或足背打结（图 2-3-18）。

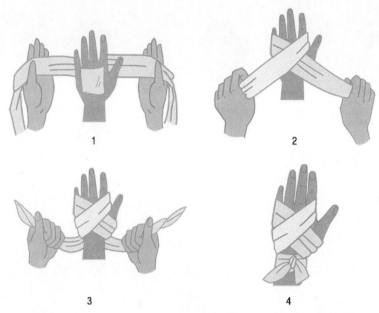

图 2-3-18　手部包扎

4. 绷带上肢、下肢螺旋形包扎

适用于上下肢除关节部位以外的外伤。先在伤口敷料上用绷带环绕两周，然后从肢体远端绕向近端，每缠一圈盖住前圈的 1/3～1/2 成螺旋状，最后剪掉多余的绷带，然后胶布固定（图 2-3-19）。

5. 绷带肘、膝关节 8 字包扎

适用于肘、膝关节及附近部位外伤。先用绷带一端在伤处的敷料上环绕 2 圈，然后斜向经过关节，绕肢体半圈再斜向经过关节，绕向原开始点相对处，再绕半圈回到原处。这样反复缠绕，每缠绕一圈覆盖前圈的 1/3～1/2，直到完全覆盖伤口（图 2-3-20）。

三、固定术

固定术不仅可以减轻伤员的痛苦，同时能有效地防止因骨折断端移动损伤血管、神经等组织造成的严重继发性损伤，因此，即使离医院再近，骨折伤员也应该先固定再运送。

（一）骨折的判断

骨折判断的方法如下。

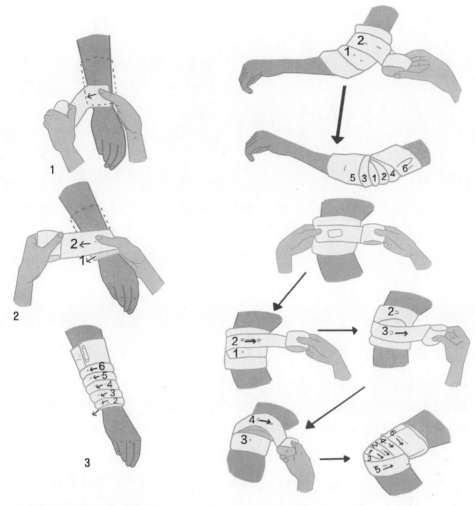

图 2-3-19　上肢螺旋包扎　　　　　　图 2-3-20　肘、膝关节 8 字包扎

1. 疼痛　伤处有明显压痛，移动时加重。

2. 肿胀　出血和骨折端错位、重叠，有外表肿胀现象。

3. 畸形　肢体呈现缩短、弯曲、成角或旋转现象。

4. 功能障碍　肢体原有运动功能受到影响或完全丧失。

5. 血管、神经损伤的表现　脉搏消失、感觉缺失等。

在现场不能明确判断是否骨折时，一律按骨折固定处理。

（二）现场骨折固定的目的

1. 制动止痛　通过固定，以限制受伤部位的活动度，从而减轻疼痛。

2. 防止伤情加重　避免骨折断端等因摩擦而损伤血管、神经乃至重要脏器；固定也利于防治休克，便于伤员的搬运。

（三）伤口固定技巧要求

急救固定目的不是骨折复位，而是防止骨折端移动，所以刺出伤口的骨折端不应该送回。固定时动作要轻巧，固定要牢靠，松紧要适度，皮肤与夹板之间要垫适量的软物。

（四）材料

负压气垫为片状双层塑料膜，膜内装有特殊高分子材料，使用时把片状膜包裹骨折肢体，使肢体处于需要固定的位置，然后向气阀抽气，气垫立刻变硬达到固定的作用。由于负压气垫、颈部固定器等器材使用比较简便快速而且有效，其中负压气垫是专业急救人员最常用的固定器材，但普通家庭一般不具备，所以这里主要介绍木制夹板和三角巾固定法。

（五）常见的固定方法

1. 下颌骨折固定

方法同头部十字包扎法。

2. 胸部固定（图2-3-21）

（1）肋骨骨折固定　方法同胸部外伤包扎。

（2）锁骨骨折固定　将2条四指宽的带状三角巾，分别环绕两个肩关节，于背后打结，再分别将三角巾的底角拉紧，在两肩过度后张的情况下，在背后将底角拉紧

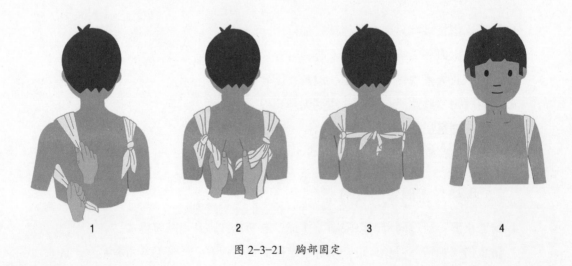

1　　　　　　　　2　　　　　　　　3　　　　　　　　4

图 2-3-21　胸部固定

打结。

3. 四肢固定

（1）肱骨骨折固定　将2条三角巾和1块夹板先将伤肢固定，然后用1块燕尾式三角巾中间悬吊前臂，使两底角上绕颈部后打结，最后用1条带状三角巾分别经胸背于健侧腋下打结（图2-3-22）。

（2）肘关节骨折固定　当肘关节弯曲时，用2条带状三角巾和1块夹板把关节固定。当肘关节伸直时，可用一块夹板，1卷绷带或1块三角巾把肘关节固定（图2-3-23）。

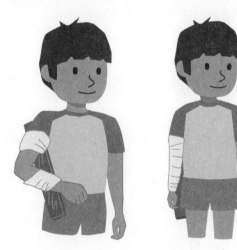

图2-3-22　肱骨骨折固定　　　　　图2-3-23　肘关节骨折固定

（3）桡、尺关节骨折固定　用1块合适的夹板置于伤肢下面，用2块带状三角巾或绷带把伤肢和夹板固定，再用1块燕尾三角巾悬吊伤肢，最后再用1条带状三角巾两底边分别绕胸背于健侧腋下打结固定。

（4）手指骨骨折固定　利用冰棒棍或短筷子作小夹板，另用2片胶布作黏合固定。若无固定棒棍，可以把伤肢黏合在健肢上（图2-3-24）。

（5）胫、腓骨骨折固定　与股骨骨折固定相似，只是夹板长度稍超过膝关节就可。

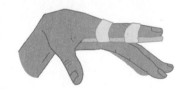

图2-3-24　手指骨折固定

（6）股骨骨折固定　用1块夹板（长度为从伤员腋下至足跟）放在伤肢外侧，另用1块短夹板（长度为会阴至足跟）放在伤肢内侧，至少用4条带状三角巾分别在腋下、腰部、大腿根部及膝部分别环绕伤肢包扎固定，注意在关节突出部位要放软垫。若无夹板时，可以用带状三角巾或绷带把伤肢固定在健侧肢体上（图2-3-25）。

图 2-3-25 股骨骨折固定

4. 脊柱骨折固定

（1）颈椎骨折固定 伤员仰卧，在头枕部垫一薄枕，使头颈部成正中位，头部不要前屈或后仰，再在头的两侧各垫枕头或衣服卷，最后用1条带子通过伤员额部固定头部，限制头部前后左右晃动。若有专业人员使用的颈托固定就既快又可靠（图 2-3-26）。

图 2-3-26 颈椎骨折固定

（2）胸腰椎骨折固定 使伤员平直仰卧在硬质木板或其他板上，在伤处垫一薄枕，使脊柱稍向上突，然后用几条带子把伤员固定，使伤员不能左右转动（图 2-3-27）。

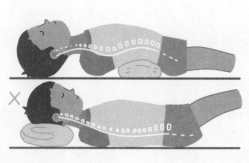

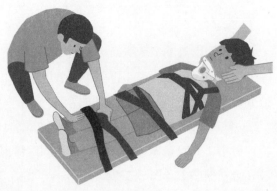

图 2-3-27 腰椎骨折固定

5. 骨盆骨折固定

将1条带状三角巾中分放于腰骶部绕髋前至小腹部打结固定，再用另1条带状三角巾中分放于小腹正中绕髋后至腰骶部打结固定（图 2-3-28）。

6. 异物固定

当异物如刀、钢条、弹片等刺入人体时，不应该在现场拔出，这样有大出血的危

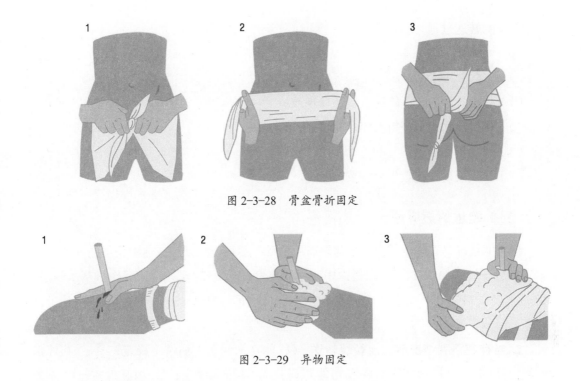

图 2-3-28　骨盆骨折固定

图 2-3-29　异物固定

险，要把异物固定，使其不能移动引起继发损伤（图 2-3-29）。

（六）固定的注意事项

（1）骨折固定时不要无故移动伤肢。

（2）固定时不要试图整复。开放性骨折断端外露时，一般不宜还纳，以免引起深部污染。

（3）固定用夹板或托板的长度、宽度应与骨折的肢体相称，其长度必须超过骨折部的上、下两个关节。

（4）固定的松紧要合适、牢靠，过松则失去固定的作用，过紧会压迫神经和血管。

四、搬运术

伤病员在现场进行初步急救处理和随后送往医院的过程中，必须要经过搬运这一重要环节。正确的搬运术对伤病员的抢救、治疗和预后都至关重要。从整个急救过程来看，搬运是急救医疗不可分割的重要组成部分，仅仅把搬运看成简单体力劳动的观念是一种错误观念。搬运是指救护者徒手或利用搬运器材将伤病者从事发现场向运送车辆、医疗单位的转送过程。

（一）搬运目的

（1）使伤病员脱离危险区，实施现场救护。

（2）尽快使伤病员获得医疗专业治疗。

（3）防止损伤加重。

（4）最大限度地挽救生命，减轻伤残。

（二）搬运的适应证

伤员的情况是否适于转送，事前要有所估计，尽可能保证转送途中伤员的安全。

1. 适于转送的情况　① 转送途中不会有生命危险；② 现场救护后伤情基本稳定；③ 现场救护措施已全部实施；④ 特殊伤病已按处理原则或规定处理妥当；⑤ 骨折已固定。

2. 当存在下列情况时，应暂缓转送　① 休克未纠正，病情不稳定；② 颅脑外伤可能出现脑疝；③ 颈部伤有呼吸功能障碍；④ 骨折未固定；⑤ 内脏外露未经妥善处理。

然而，上述情况都是相对的，要根据现场救护和伤员的具体情况而定。伤员较多时，转送前必须根据伤情的轻、中、重危情况进行大致分类，并对受伤部位做出鲜明标志，以利途中观察与处置。

（三）常用搬运方法

1. 徒手搬运

（1）单人搬运　由1个人进行搬运。常见的有爬行法、扶持法（图2-3-30）、抱持法（图2-3-31）、背法。① 爬行法：适应于狭小空间搬运昏迷伤员；② 扶持法：清醒可步行的伤员；③ 背负法：老幼弱清醒的伤员；④ 拖行法：下肢受伤、情况紧急、体型较大。

（2）双人徒手搬运　体弱清醒不能步行者，有椅托式（图2-3-32）、轿杠式、拉车式、椅式、平卧托运等方法。

（3）3人搬运（图2-3-33）　骨盆骨折移动时采用。

（4）4人搬运　脊柱骨折移动时采用。

2. 器械搬运

将伤员放置在担架上搬运，同时要注意保暖。在没有担架的情况下，也可以采用椅

图 2-3-30　扶持法

图 2-3-31　抱持法

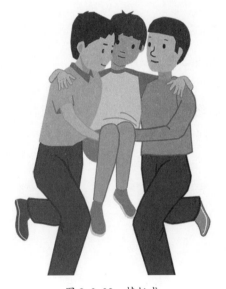

图 2-3-32　椅托式

图 2-3-33　三人搬运

子、门板、毯子、衣服、大衣等制作简易担架搬运。

3. 工具运送

如果从现场到转运终点路途较远，则应组织、调动、寻找合适的现代化交通工具运送伤病员。

（四）搬运体位

1. 脊柱损伤　使伤员一定在硬担架保持平卧位，固定颈部不能前屈、后伸、扭曲，应该由3～4人平托法搬运，同时抬起，同时放下。千万不能双人拉车式或单人背抱搬运，否则会引起脊髓损伤以致造成肢体瘫痪。

2. 颅脑损伤　使伤员取侧卧位，若只能平卧位时，头要偏向一侧，以防止呕吐物或舌根下坠阻塞气道。

3. 胸部伤　使伤员取坐位，有利于伤员呼吸。

4. 腹部伤　使伤员取半卧位、屈曲双下肢，有利于放松腹部肌肉，减轻疼痛和防止腹部内脏脱出。

5. 呼吸困难伤员　坐位。最好用折叠担架（或椅）搬运。

6. 昏迷伤员　平卧，头转向一侧或侧卧位。

7. 休克伤员　平卧位，不用枕头，脚抬高。

（五）注意事项

1. 保护伤员

（1）不能使伤员摔下。

（2）预防伤员在搬运中继发性损伤。重点对骨折伤员，要先固定后搬运。

（3）防止因搬运加重病情。重点对呼吸困难病员，搬运时一定要使伤员头部稍后仰开放气道。

2. 保护自身

（1）保护自身腰部　搬运体重较重伤病员时，会发生搬运者自身腰部急性扭伤，科学的搬运方法是搬运者先蹲下，保持腰部挺直，使用大腿肌肉力量把伤病员抬起，避免弯腰使用较薄弱的腰肌直接用力。

（2）避免自身摔倒。

第四节　抗 休 克 术

休克是机体受到各种有害因素的强烈侵袭而导致有效循环血量锐减，主要器官组织血液灌流不足所引起的严重全身性综合征。临床上以急性周围循环衰竭为特征，是常见的危重状态之一，若不及时抢救，可引起伤病者的死亡。

（一）原因和原理

休克产生的原因很多，运动损伤中并发的休克主要是创伤性休克，其次为出血性休克。休克的发病原理是有效循环血量不足，引起全身组织和血流灌注不良，导致组织缺血缺氧，代谢紊乱和脏器功能障碍（包括心脑、肺、肾等重要器官功能障碍）。

（二）休克的发展过程及临床表现

1. 早期 烦躁不安或易激动，面色苍白，四肢湿冷，口唇轻度发绀，脉搏细速，血压正常或偏高（偏低），但意识清醒。

2. 中期 表情淡漠或神志模糊，面色苍白，四肢厥冷，发绀加深，脉搏细速弱，血压下降，尿量减少，呼吸表浅急促。

3. 晚期 神志不清，面色青灰，口唇四肢极度发绀，肢体皮肤出现发斑，血压极低或测不到，无尿，呼吸急促，心律失常，弥散性血管内凝血（DIC），酸中毒，及心肝脑肾衰竭。

（三）诊断

有典型临床表现时，休克的诊断并不难，重要的是能早期识别、及时发现并处理。

1. 早期诊断

早期症状诊断包括：① 血压升高而脉压减少；② 心率增快；③ 口渴；④ 皮肤潮湿、黏膜发白、肢端发凉；⑤ 皮肤静脉萎陷；⑥ 尿量减少（25～30 ml/h）。

2. 诊断标准

临床上休克诊断标准是：① 有诱发休克的原因；② 有意识障碍；③ 脉搏细速，超过 100 次/min 或不能触知；④ 四肢湿冷，胸骨部位皮肤指压阳性（压迫后再充盈时间超过 2 s），皮肤有花纹，黏膜苍白或发绀，尿量少于 30 ml/h 或尿闭；⑤ 收缩血压低于10.7 kPa（80 mmHg）；⑥ 脉压小于 2.7 kPa（20 mmHg）；⑦ 原有高血压者，收缩血压较原水平下降 30% 以上。

凡符合上述第①项以及第②、③、④项中的两项和第⑤、⑥、⑦项中的一项者，可诊断为休克。

（四）急救

对于休克伤员要尽早进行急救。应迅速使伤员平卧安静休息。伤员的体位一般采取头和躯干部抬高 10°，下肢抬高约 20° 的体位，这样可增加回心血量并改善脑部血流状况。松解衣物，保持呼吸道畅通，清除口中分泌物或异物，对伤员要保暖，但不能过热，以免皮肤扩张，导致血管床容量增加，使回心血量减少，影响生命器官的血液灌注量和增加氧的消耗。在炎热的环境下则要注意防暑降温，同时尽量不要搬动伤员；若伤员昏迷，头应侧偏，并将舌头牵出口外，必要时要吸氧和行口对口人工呼吸。

以上是一般的抗休克措施，由于休克是一种严重的、危及生命的病理状态，所以在急救的同时，应迅速请医生或及时送医院处理。对休克伤员应尽量避免搬运颠簸。

第三章 青少年常见安全意外应急

随着经济的发展和社会的进步，青少年的活动领域越来越宽，接触的事物越来越多。他们的自身安全意外问题日益引起人们的重视。目前，社会上还存在着违法犯罪现象，青少年遭到不法分子侵害或滋扰的情况也时有发生，使他们的身心受到了不同程度的伤害。此外，自然灾害（例如地震、洪水、风暴等）、人为灾害（例如火灾、重大交通事故等）的意外发生，同样会对青少年的健康成长构成威胁。所以，对青少年进行自护自救安全教育是非常必要的。安全教育是生命教育，安全教育是公众教育，安全教育是世纪教育。本章首先对安全意外进行总的概述，然后主要对青少年常见的每个安全意外伤害进行阐述。

（一）意外与意外伤害的概念

意外指的是意料之外、料想不到的事件，也指突如其来的不好的事件。

意外伤害是指因意外导致身体受到伤害的事件。具体常见意外伤害的定义是指外来的、突发的、非本意的、非疾病的使身体受到伤害的客观事件。

（二）致使青少年意外死亡的 5 大原因（世界卫生组织 2008 年报道）

1. 最大"杀手"是交通事故

汽车和其他交通工具每年造成 26 万青少年死亡。在发达国家，大部分受害者是在乘汽车时遭遇不幸的；而在发展中国家，孩子们步行或骑自行车时也会死于非命。

2. 溺水

全世界每年 17.5 万青少年溺水身亡，平均每天 480 人。

3. 烧死

全世界每年 9.6 万青少年被烧死，平均每天 263 人。

4. 跌落

高空坠落也是孩子意外死亡的一个主要原因，在世界各地都是如此，男孩比女孩更容易发生坠落事件。

5. 中毒

全世界每年 4.5 万青少年死于中毒，平均每天 123 人。

（三）意外伤害急救原则

青少年意外伤害一旦发生，如当事者具有救护、自救的知识，能冷静、沉着、迅速地采取急救措施，往往能在很大程度上争取时间，减少事故造成的损失，减少伤残和死亡。

1. 按其轻重可分为三类

（1）迅速危及生命的如淹溺、触电、雷击、外伤大出血、气管异物、车祸和中毒等。这一类事故必须在现场争分夺秒进行抢救，防止可以避免的死亡。

（2）另一类意外伤害虽不会顷刻致命，但也十分严重，如各种烧烫伤、骨折、毒蛇咬伤、狗咬伤等，如迟迟不作处理或处理不当，也可造成死亡或终身残疾。

（3）还有一类是轻微的意外伤害，如小刀划破了一个小口，摔破了一点皮，烫起了一个小水疱等，这些在家里可进行简单处理，必要时到医院进行治疗。

2. 应急处理的原则

（1）抢救生命

首先要注意的是受伤者的呼吸、心跳是否正常。如果心跳、呼吸不规律，快要停止或刚刚停止，当务之急就是设法暂时用人为的力量（人工呼吸与胸外心脏按压）来帮助呼吸，以期恢复自主呼吸，支持患者心脏正常功能。

（2）减少痛苦

在现场抢救中要尽量减少患者痛苦，以改善病情。因此在处理和搬运时，动作要轻柔，位置要适当，语言要温和，必要时予以镇痛、镇静药物。

（3）预防并发症

在抢救患者时要尽量预防和减少并发症的出现和以后留下后遗症。如青少年摔伤或坠落伤时可发生脊柱骨折。当患者脊背疼痛疑有脊柱骨折时，应严禁让患者走动，转运时一定用木板作担架运送。

3. 意外伤害的预防方法

采取针对性的措施，对青少年及其家长加强安全教育及健康教育。

第一节 体 内 异 物

异物进入体内后常损伤机体组织和造成异物阻塞。根据异物阻塞部位不同，常见的有气道异物阻塞、食管异物阻塞和耳道异物阻塞等，现将青少年常见危急的体内异物如咽喉异物、气管异物、食管异物及眼内异物等介绍如下。

一、咽喉异物

咽喉异物多由进食仓促，饮食不慎，将未嚼碎的食物或混杂在食物中的鱼刺、鸡骨、肉块、果核、果壳等咽下所致。少数由于不良习惯，如将针、鞋钉、纽扣等衔于齿间，不慎或突然说话将异物吸入。

（一）临床表现

咽喉异物因为异物种类以及刺入部位不同，患者一般有明显的咽部异物感或刺痛，吞咽时明显加重，常有流涎或吞咽困难。如果异物刺激喉黏膜，则会引起剧烈咳嗽，并因反射性喉痉挛及异物阻塞而出现呼吸困难，并可能有不同程度的喘鸣、失声、喉痛等。最严重的是，如果异物较大，而且嵌在声门上，则很快会造成窒息死亡。异物停留于咽喉部容易继发细菌感染，患者一般有疼痛加重或者发热症状，严重者可出现颈深部感染甚至脓肿。感染灶如果扩散，可以累积纵隔，引发纵隔感染，危及生命（图3-1-1）。

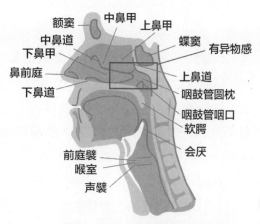

鼻腔、口腔、咽和喉的正中矢状断面

图 3-1-1　异物感

（二）预防

咽喉异物的预防主要在于进食时要细嚼慢咽，进食过程中不能说笑。其次是改变不良习惯，不将食物以外的物品放入口内把玩，更不能齿衔小物品进行追逐、打闹。

（三）应急处理

一旦出现异物进入咽喉部，可根据具体情况做相应的应急处理：异物刚进入时，设法将异物咳出。如果咳不出，应立即用汤匙或牙刷柄压住患者舌头的前部分，在亮光下仔细察看舌根部、扁桃体、咽后壁等，尽可能发现异物，再用镊子或筷子夹出。千万不能强行大口吞咽蔬菜、馒头，以为能把异物带下食管，这样有时会适得其反，轻则加重局部组织损伤，重者可造成食管穿孔，甚至伤及大血管引起大出血，造成更严重的后果。如以上方法不能将异物排出，应尽快去医院诊治。

二、眼内异物

眼内异物是一种特殊的眼外伤，也是严重危害视力的一类眼外伤。异物进入眼球，除了在受伤时所引起的机械性损伤外，由于异物的存留增加了对眼球的化学或毒性反应、继发感染等的危害。

（一）异物分类及原因

根据异物进入眼睛的位置，可将眼内异物分为角膜异物、结膜异物和眼球内异物等。角膜异物可发生在日常的生活、工作和劳动中，如刮风时，沙粒、灰尘等常被吹进眼里；在农业劳动中，麦芒、稻壳及秫秸等也能碰伤角膜；青少年在游戏时，如打弹弓、燃爆竹也常误伤角膜。进入角膜的异物有铁屑、玻璃屑、煤屑、沙粒、火药、谷壳等。结膜覆盖在除了角膜之外的眼球前面，一些微小的异物随着外力进入眼内，有的被泪液立即清除掉，有的则固着在结膜面上，于是就造成了结膜异物。结膜异物最常见的位置在上眼皮的睑结膜的结膜沟。眼球内异物可因敲打金属或击打石块等造成；在雷管爆炸、矿山爆破、交通意外时也经常发生；此外，青少年打架斗殴等也常造成眼外伤及眼球内异物（图3-1-2）。

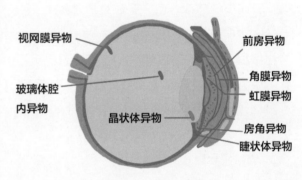

图 3-1-2　眼内异物

（二）临床表现

异物进入眼睛不同位置，症状有所不同。异物一旦进入角膜，立即会感到眼睛磨痛、流泪及异物感等刺激症状，异物越靠近角膜表层或突出于表面，其疼痛、流泪越重，埋于深层，症状反而轻。谷壳等有棱角的异物，常嵌入角膜或角膜与巩膜交界处，引起附近球结膜充血，但可没有明显的流泪及疼痛感觉。因此常被误认为结膜炎或角膜炎。结膜异物时，会感到眼睛明显磨痛、流泪，像有沙子在眼睛里滚动，眨眼时，结膜上的异物摩擦到敏感的角膜，引起疼痛、流泪，如果闭眼不动，疼痛就会减轻。眼球内异物发生时，大多数患者可感到有东西碰了一下眼球，随即感到眼疼、流泪，当天或几天后出现视物模糊。由于异物穿透角膜、巩膜等眼球组织，还可出现眼内容物流出、玻璃体积血等。少数患者回忆不起外伤史，等到视力下降，发生了白内障才会去医院就诊。极个别患者，伤眼可以没有任何症状，视力也不受影响，仅在检查身体时才发现眼内异物。

（三）预防和应急处理

眼球内异物除影响视力外，还可发生眼内感染、外伤性白内障、视神经萎缩及交感性眼炎等严重并发症。所以预防眼外伤至关重要，预防眼外伤应注意以下几点：① 加强宣传。对青少年宣传预防知识尤为重要。在学校、家庭等场所，要用典型的眼外伤实例进行教育。② 个人防护。在工作或劳动时，为防止铁屑或砂粒等崩入眼内，应佩戴防护眼镜、面罩。

一般来说，眼内异物需要及早诊断，适时手术，以保护眼球和保留视力。眼内异物的位置和异物性状不同，处理方法也不一样。

1. 角膜及结膜异物的处理

常规处理：① 当异物进入眼时，应轻轻闭眼一会，或用手轻提上眼皮，一般附在表面的眼睛异物可随眼泪自行排出，不能揉搓或来回擦拭眼睛。② 若眼睛异物不能自行排出，仍有磨痛，异物可能在上眼皮里面的睑结膜上，可把眼皮翻过来找到异物，用湿棉签或干净手绢轻轻擦掉，也可以用清洁的水冲洗，磨痛立刻消失。③ 若翻过眼皮仍未找到眼睛异物，那异物可能是在角膜上，千万不要自己动手去取或找别人帮忙查找，应及时到医院去治疗。

2. 眼球内异物的处理

眼球内异物为眼球穿通伤合并眼内异物，不宜在家自行处理，应立即就医，配合影像学检查进行定位及手术治疗。

三、气管异物

气道异物是指食物或其他物体进入呼吸道，导致气体受阻或气道肌肉痉挛，是需要紧急救助的情况。因异物的性质、所在的部位、存留的时间及所致气道阻塞的程度等不同，导致的后果也不同，严重者可致呼吸道和肺损伤，甚至窒息死亡。

（一）病因

引起气管异物的原因很多，可大致归纳为如下几种情况：① 进食时嬉笑、打闹、跌倒，或进食过急，说话或精神不集中，尤其是在摄入大块的，咀嚼不全的食物时，若同时大笑或说话，很易使一些肉块、鱼团、菜梗等滑入呼吸道；② 在睡眠、意识不清、吞咽困难时将食物、黏痰、呕吐物等吸入气管；③ 溺水者，可能是污水和泥沙进入气道；④ 大量饮酒时，由于血液中酒精浓度升高，使咽喉部肌肉松弛而吞咽失灵，食物团块极易滑入呼吸道；⑤ 企图自杀或精神病患者，故意将异物送入口腔而插进呼吸道。

（二）临床表现

1. 咳嗽

98% 的呼吸道异物患者首要症状是反复咳嗽。咳嗽的性质、剧烈程度与吸入异物停留部位、是否活动有关。发生误吸的当时会引起剧烈呛咳，持续数秒至数分钟不等。随着病情发展，异物如停留于一侧支气管，大部分患者表现为咳嗽反复、呈阵发性连声咳，较剧烈，大多数为干咳无痰。

2. 喉鸣

喉鸣是呼吸道异物的第二大症状。甚至有的患者首要症状就是反复喉鸣，咳嗽单声且轻微。呼吸道喉鸣的表现为吸气性喉鸣。声门或声门下异物可出现高调吸气性喉鸣。中空的异物如口哨、圆珠笔套深呼吸时可出现高调哨鸣音。

3. 呼吸困难

异物吸入气道，使气道管腔变窄或阻塞，呼吸道阻力增加，患者用力呼吸以克服阻力，增加气体交换，表现为吸气性呼吸困难，轻则为活动时呼吸费劲、呼吸不畅、呼吸急促，出现吸气性三凹征，重则为窒息。一般而言，体积越小、对气道黏膜刺激性越小的异物引起呼吸困难的可能性越小。

4. 发热

异物进入呼吸道，大部分会并发肺部感染，出现发热。

（三）急救处理

气管异物停留越久危害越大，因此，气管异物一般均应尽早取出，以避免或减少发生窒息和其他并发症的机会。现场徒手救治时，根据患者的具体情况采取不同的体位进行急救。

1. 站位急救法适用于意识清楚的患者。海姆立克急救法：救护者站在患者身后，用双臂围绕患者腰部，一手握拳，拳头的拇指侧顶在患者的上腹部（脐稍上方），另一手握住握拳的手，向上、向后猛烈挤压患者的上腹部，挤压动作要快速，压后随即放松，以造成人工咳嗽，驱出异物，每次冲击应是独立有力的动作，注意施力方向，防止胸部

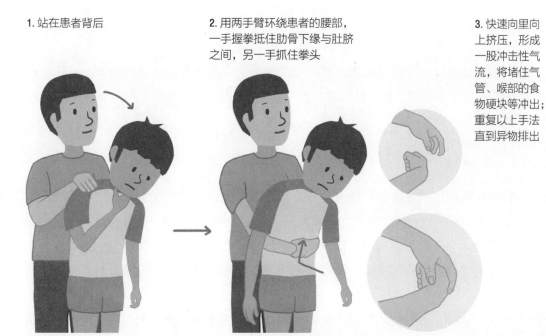

1. 站在患者背后

2. 用两手臂环绕患者的腰部，一手握拳抵住肋骨下缘与肚脐之间，另一手抓住拳头

3. 快速向里向上挤压，形成一股冲击性气流，将堵住气管、喉部的食物硬块等冲出；重复以上手法直到异物排出

图 3-1-3　海姆立克急救法示意图

和腹内脏器损伤（图 3-1-3）。

2. 卧位急救法适用于意识不清的患者或抢救者身材矮小，不能环抱住清醒者的腰部时。将患者置于仰卧位，使头后仰，开放气道。急救者跪其大腿旁或成骑跨在两大腿上，以一手的掌根平放在其腹部正中线肚脐的略上方，不能触及剑突。另一手直接放在第一只手背上，两手重叠，一起快速向内向上冲击患者的腹部，连续 6～10 次，检查异物是否排出在口腔内，若在口腔内，用手把异物取出；若无，可再冲击腹部 6～10 次进行检查。若上述方法未能奏效，则应立即将患者送医院急救，在喉镜或气管镜下取出异物，切不可拖延。呼吸停止的即给予口对口人工呼吸，以期为抢救争取时间。

3. 如果误吸异物后只有一个人在场时，可自救，用椅子背、桌子角等突出的部分抵压腹上部，有节奏地挤压腹部，可使异物吐出。

4. 有些较小的异物呛入气管后，患者一阵呛咳后，并没有咳出任何异物，却很快平静下来。说明异物已进入支气管内，支气管异物可能没有任何明显的呼吸障碍。但绝不可麻痹大意、心存侥幸，认为异物迟早总会咳出，因为异物一旦进入支气管，被咳出的机会是极少的。异物在肺内存留时间过长，不仅不易取出，还可引起支气管肺炎、肺不张、肺脓肿等严重疾病，影响肺功能。所以，凡是明知有异物呛入气管，在没有窒息的情况下，即使没有任何呼吸障碍表现，也应尽早去医院行胸部 CT 等检查，以便在气管镜下取出异物。

四、食管异物

人的整条食管并非同样粗细，有三个狭窄部位，其中有两处特别狭窄，一处在高位，即咽与食管相续处，另一处在进入胃的上方，即食管穿过膈肌的食管裂孔处。异物多半堵在这两个位置。

（一）病因

食管异物的病因很简单，绝大多数是由误咽形成的，但其发生与患者的年龄、性别、饮食习惯、进食方式、食管有无病变、精神及神志状态等诸多因素有关。

1. 个体因素　如少年儿童天性顽皮好动，喜欢把硬币、证章或其他小物品放入口中，偶有不慎即可被吞入食管；进食打闹或嬉戏，易将口内食物囫囵咽下或将异物误咽；饮食过急或进食时精神不集中，使鱼刺、鸡骨、肉骨被误咽入食管，掺杂于食物中的细小核、骨刺被误咽入食管；麻醉未清醒，昏迷或精神病患者，在神志不清时可有误咽；自杀未遂者。

2. 饮食习惯因素　如沿海地区习惯于将鱼、虾、蔬菜混煮混食，易造成细小鱼刺、鱼骨误吞。北方粽子内包有带核的大枣或带骨的肉团，易造成误咽。北方过节时习俗在饺子内置金属硬币，易造成误咽。

3. 神志因素　在入睡、醉酒、昏迷、麻醉状态时易发生误吞误咽。

4. 疾病因素　食管自身病变如食管肿瘤、食管瘢痕狭窄、痉挛等，造成食物或较小食物存留；纵隔病变如纵隔肿瘤或脓肿形成占位病变，压迫食管，造成食管狭窄，易存留食物或细小异物；神经性病变如咽反射消失或吞咽反射减退，易造成误吞误咽。

（二）临床表现

食管异物的临床特征与异物所在部位、大小、性质有关。大多数患者发生食管异物后即有症状，但也有 10% 左右可无任何症状，通常症状的严重程度与异物的特性、部位及食管壁的损伤程度有关，特别是异物有无穿破食管壁。其主要临床特征如下（图 3-1-4）。

1. 吞咽困难

吞咽困难与异物所造成的食管梗阻程度有关。完全梗阻者，吞咽困难明显，流质难

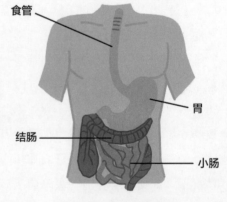

图 3-1-4　食管异物危害

以下咽，多在吞咽后立即出现恶心、呕吐；对于异物较小者，仍能进流质或半流质饮食。个别患者吞咽困难较轻，甚至没有任何症状，可带病数月或数年而延误治疗。

2. 异物梗阻感

在异物偶然进入食管时，一般有异物梗阻在食管内的感觉，若异物在颈部食管时则症状更为明显，患者通常可指出异物在胸骨上窝或颈下部；若异物在胸段食管时可无明显梗阻感，或只有胸骨后异物阻塞感及隐痛。

3. 疼痛

上段食管疼痛最显著，常位于颈根部中央，吞咽时疼痛加重甚至不能转颈；中段食管疼痛可在胸骨后，有时放射到背后，疼痛不甚严重；下段食管疼痛更轻，可引起上腹部不适或疼痛，疼痛常表示食管异物对食管壁的损伤程度，较重的疼痛是异物损伤食管肌层的信号，应加以重视。通常光滑的异物为钝痛，边缘锐利和尖端异物为剧烈锐痛，食管黏膜损伤常为持续性疼痛，且随吞咽运动阵发加重。有时疼痛最剧烈处可提示异物的停留部位，但其定位的准确性很有限。

4. 涎液增多

涎液（口水）增多为一常见症状，颈段食管异物更为明显，如有严重损伤还可出现血性涎液。导致涎液增多的原因是咽下疼痛、吞咽困难和食管堵塞的综合作用，异物局部刺激也可使分泌增加。一般依据涎液增多的症状，结合异物病史，可初步推断异物存留于颈段食管而不在胸段食管。

5. 反流症状

异物存留食管后可发生反流症状，其反流量取决于异物阻塞食管的程度和食管周围组织结构的感染状况，个别患者也可发生反射性呕吐。

6. 呼吸道症状

主要表现为呼吸困难、咳嗽、发绀（颜色变紫）等。有以下 4 种可能：① 分泌物反流误吸；② 异物巨大，压迫气管壁；③ 异物引起邻近组织感染，向喉和气管扩散；④ 食管-气管瘘。

（三）预防与急救

1. 食管异物的预防应注意以下几点　① 进食切忌匆忙，要细嚼慢咽，食用带刺、带骨的食物应小心。② 教育青少年不要将各类物体放入口中玩耍。③ 异物误入食管后要立即就医，切忌用饭团、韭菜、馒头等强行下咽。

2. 急救方法　食管异物应尽早取出，用醋来软化骨性异物是不可能的，希望通过吞咽饭团或其他食物将异物压下是很危险的，可以促使嵌顿或食管外伤和穿孔。对这样的患者，一定要让他安静，尽量减少恶心、呕吐，以免引起尖锐的异物误刺入心脏。另外应当禁食，并迅速送往有条件的医院，用食管镜将异物取出，千万不要在家自行处理或任其发展。对于进入胃内的异物，小的、圆的异物可随粪便排出，对于大的异物不应服泻药，以免造成肠梗阻或穿孔，而应手术治疗（图3-1-5）。

图 3-1-5 食管异物处理

第二节 侵　害

　　侵害一般是指有意伤害他人身体和精神的行为。青少年所受到的侵害主要来自意外事故的伤害以及家庭的伤害、学校的伤害和社会的伤害。① 来自种种意外事故的伤害。② 来自自己家庭的伤害，有些家长、监护人对孩子比较粗暴，甚至虐待、遗弃未成年人特别是女性未成年人和有残疾的未成年人；有些家长为了眼前的经济利益而强迫孩子辍学经商、务农、做工；有些家长受各种落后思想的影响而强迫自己的孩子过早结婚或过早的订立婚约；有些家长甚至以不健康的思想、品行教育未成年人，引导孩子从事一些不健康的活动，等等。③ 来自学校的伤害。有些学校为片面地追求升学率，而随意勒令差生退学或随意开除未成年学生的学籍；有些学校忽略学生生活学习的安全以致酿成事故；老师教育教学方法不当，存在着体罚或变相体罚学生、侮辱学生人格尊严的现象，使学生的身心受到一定的伤害，等等。④来自社会生活中的种种不法伤害，例如，社会上一些不法之徒为谋求经济利益，而向未成年人兜售宣传暴力的、色情的等不健康的图书、音像制品；社会上一些不法之徒为谋求经济利益，而用游戏机、网吧甚至是色情诱惑青少年；有些娱乐场所如歌舞厅、夜总会、酒吧等违反规定，引诱未成年人进入；社会上一些不法之徒为谋求经济利益，而把黑手伸向了未成年人，偷盗、抢劫、诈骗、敲诈勒索甚至绑架未成年人；社会上一些不法之徒为谋求经济利益，引诱、教唆未成年人从事各种违法犯罪活动如偷盗、抢劫、诈骗、敲诈勒索甚至绑架，或者吸毒贩毒、赌博卖淫等。

相关的一些侵害在本手册其他章节已经述及，此处不再累赘，本节仅将性侵、拐卖及诈骗介绍如下。

一、性侵

性侵，是指行为人以威胁、暴力、金钱或甜言蜜语为引诱，胁迫他人与其发生性关系，在性方面对受害人进行侵犯的行为。性侵包括强奸、猥亵、介绍卖淫等表现。青少年由于性知识缺乏，认识违法犯罪能力弱，体力智力发育不成熟，认知能力、辨别能力以及反抗能力都比较差，有的由于缺乏有效监护，容易成为性侵的对象，因此，加强对青少年的性教育，防范性侵案件发生，具有十分重要的意义。

（一）未成年人被性侵的特点

青少年为被害人的案件与一般的成年人遭受性侵害的案件相比具有以下特点。

1. 熟人作案多，侵害时间长

在不少未成年人性侵案件中，近八成都是熟人作案。在熟人作案中，一些特殊家庭如母亲缺位家庭、再婚家庭、收养家庭以及父母有不良行为的家庭容易发生对未成年子女的性侵案件，学校中的老师实施的性侵案件也占有不小的比例。

2. 被害人年龄低龄化

这是因为年龄较低的未成年人体力智力发育不成熟，认知能力以及反抗能力都比较差。有些未成年人性知识的缺乏也是遭受侵害的一个重要原因，他们在不了解性行为性质以及后果的情况下被诱骗、哄骗与行为人发生了性关系。

3. 校园与打工场所是否安全与未成年人遭受性侵害案件的发生具有一定关系

教师性侵害不但比例大，而且受害人多，反复作案率高，是其他案件不可比的，在教师特行犯罪时，许多学生一是年幼不知反抗。二是迫于其特殊身份，不敢反抗、不敢拒绝，使其能在长时间内为所欲为。而且一旦得手，往往又将目光转向更多的目标，手段也愈加恶劣。用人单位为外出打工未成年人提供的不安全生活环境也是性侵害案件发生的原因之一。据统计，外出打工的未成年人在打工单位宿舍或者车间等被性侵害的案件中，这些场所都存在着不安全的因素。

4. 案件具有隐蔽性

性侵案件的发生一般没有第三人在场，而未成年人的认知和辨别是非的能力较差，侵害人易于采取欺骗、诱惑等方式实施性侵害，使未成年人意识不到这是一种侵害行为。有些未成年人由于年龄小，生理卫生知识缺乏等原因，认识不到发生在自己身上的侵害行为的性质。在未成年人遭受亲属、邻居等熟人侵害的情况下，一些未成年人即使隐约地将侵害行为向家长等成年人诉说，但是有时候成年人往往采取不相信和轻易否定的态度，成年人的忽视往往使未成年人受到更严重的伤害，也使案件很长时间内不能被发现。

5. 性侵后果的严重性

性侵害给未成年人造成的伤害后果更加严重。生理上可能由于过早的性行为而令生殖器官受到严重损伤、导致身体经常不适、全身疼痛、染上性病以及怀孕等。精神和心理上将会受到更加严重的伤害，遭受性侵害后，未成年被害人通常会表现出恐惧、不安、自闭、做噩梦，出现精神问题以及成年后适应社会困难等。由于未成年人没有发育成熟的生理和心理状况，他们因为性侵害受到的伤害一般较成年人更为严重。

6. 处理案件的复杂

未成年人遭受性侵害案件的特殊性体现为证据很难保存，这一方面体现为证据很容易消失，另一方面体现为未成年人及其家长也没有及时保存证据的意识；侦查取证困难，体现为这类案件发生在封闭场所，缺少目击证人，即使案件进入法律程序后也存在着难以调查取证的问题。

（二）防范及应对措施

1. 提高未成年人的安全防范意识

未成年人应当增强自我防范意识能力，防范能力的有无将直接关系到他们"被害前"能否积极地预防被害，在"被害中"能否有效避免被害的发生或减轻被害的程度，在"被害后"能否有效地自救和互救。并有效地防范再次被害与重复被害。具体的做法如下。

（1）增强日常的安全防范意识　让未成年人明白什么是性侵犯和受到性侵犯怎么办，使未成年人懂得，自己的身体任何人都无权抚摸或伤害，受到侵犯应向信赖的成年人和警察求助。未成年人外出，应了解环境，尽量在安全路线行走，避开荒僻和陌生的地方。晚上女学生外出时，应结伴而行。衣着不可过于暴露，不要过于打扮，切忌轻浮

小妹妹，请你吃橘子，陪我玩个"新游戏"好不好？

图 3-2-1　性侵预防

张扬。年纪小的女生，家长一定要接送。外出要注意周围动静，不要和陌生人搭腔，如有人盯梢或纠缠，尽快向人多的地方跑，必要时可呼叫。外出期间，随时与家长联系，未得家长许可，不可在别人家夜宿等（图 3-2-1）。

（2）当遇到侵害时的措施　①喊，色狼在实施犯罪行为时，心虚的多，喊叫带来的风吹草动，可能阻止犯罪嫌疑人的主观恶性继续加深。②撒，遭遇色狼，呼喊无人，跑躲不开，色狼仍然紧追不舍，可以就地取材，抓一把泥沙撒向色狼面部，这样可以抢出时间跑脱。③撕，如果撒的办法不起作用，仍被色狼死死缠住，打斗不过。可以在反抗中撕烂色狼的衣裤，令其丑态百出。尔后将他的烂衣裤作为证据带到公安机关报案。④抓，使劲撕仍不能制止加害行为的，可以向犯罪嫌疑人的面部、要害处抓去。抓时只有抓得狠、抓得死，将其抓破，才能达到制服色狼、收集证据的目的。将留在指甲里的血肉送公安机关，即可作为受到不法侵害的证据。⑤踢，面对一时难以制服的色狼，可以拼命踢向他的致命器官，这样可以削弱他继续加害的能力。⑥认，受到色狼不法侵害时，应牢记色狼的面部和体态特征，多记线索，以便在报案时提供给公安人员。

2. 受到侵害后立即到医院检查

未成年人受到性侵害后，可以在家长或其他亲人的陪同下迅速到医院进行检查，尽快拿到医院的诊断证明并进行适当诊治。

3. 完善证据的保存及搜寻

性侵害案件中一般没有第三人在场，因此粘有侵害人精液等的衣衫以及床单等是最直接的物证。不要清洗这些物品，应当妥善保留。如果身上带有这些残留物，不要立即洗澡。除了处女膜是否破裂的检查和精液鉴定这些能够直接证明侵害事实的证据外，以下证据对于案件认定仍然具有重要作用：① 被害人身上的伤痕；② 被害人抓伤侵害人的伤痕；③ 被害人被撕破的衣服；④ 从犯罪嫌疑人处获得撕扯过的衣服；⑤ 迷奸案件中剩余的药物或者盛放这些药物的酒杯等；⑥ 被害人对犯罪嫌疑人隐私部位及特征的描述；⑦ 被害人对犯罪嫌疑人穿着等特征的描述；⑧ 侵害人是否在场的证明。以上这些证据只是一部分，因为在不同的案件中会出现很多不同的证据，这些都可能有助于认定案件事实。

4. 远离遭受侵害的环境，避免遭受进一步侵害

二、拐卖

拐卖是指以出卖为目的，拐骗、绑架、收买、贩卖、接送、中转被害人的行为。被害人一般以妇女儿童居多，青少年也有发生。

（一）拐卖嫌疑人的手段

拐卖嫌疑人常用的手法有引诱、哄骗、威逼、恐吓、劫持等。如有的是在车站、码头等公共场所，物色外流人员，并用引诱、欺骗等谎言骗取信任，达到自己的罪恶目的；有的是利用各种关系，花言巧语夸某地生活好，以帮助介绍对象、帮忙找工作、帮忙找家人等为诱饵，诱骗受害人随自己离家出走；有的则是以威逼、恐吓、劫持、暴力、胁迫、麻醉等方法将被害人劫离原地和把持控制被害人。

（二）拐卖的防范

如果是要外出找工作，一定要牢记：① 找工作应当到正规的中介机构，通过合法的途径，或通过信得过的亲戚、朋友介绍；② 不要盲目外出打工，不要轻信非法小报和随处张贴的招聘广告；③ 如确定要外出打工，最好结伴而行；④ 不要轻信以介绍工作、帮忙找住宿或代替你的亲友接站等理由，跟随你不熟悉的人到陌生地方；⑤ 遇到汽车站、火车站及其他场所的拉客行为，应坚决拒绝；⑥ 保管好自己的身份证、外出证明及其他重要文件，不要把原件随便给任何人，包括雇主。

青少年上网交友、外出游玩时，一定要记住：① 慎重选择交往对象，与不了解的人保持距离，外出时尽量少喝酒；② 与陌生人打交道时，要保持警惕，不轻信其甜言蜜语，不贪图便宜，不接受小恩小惠；③ 不要向陌生人介绍自己的家庭、亲属和个人爱好等个人信息；④ 拒绝接受陌生人的食品、饮料；⑤ 不要轻信网络聊天认识的网友，

不喝陌生人的饮料
不吃陌生人的糖果

图 3-2-2　拐卖

不要擅自与网友会面；⑥ 在外出途中，一旦遇到危险，及时向公安民警和周围群众求助；⑦ 外出期间，把自己的所在地址和联系方式及时告诉家人和朋友，让他们知道你的去向（图 3-2-2）。

（三）拐卖的自救

如果发现自己被拐，应该采取有效的措施自救。① 若在公共场合发现受骗，立即向人多的地方靠近，并大声呼救；② 如发现已被控制人身自由，保持镇静，注意观察犯罪分子的人数、交谈内容，从中摸清犯罪分子作案的意图并设法了解买主或所处场所的真实地址（省、市、县、乡镇、村、组）及基本情况；③ 向人贩子、买主及相关人员宣讲国家法律，告知严重后果，伺机外出求援或逃走；④ 一旦被软禁，要装作很顺从的样子来麻痹对方，使犯罪分子放松警惕。一有机会就接近窗户、天窗、通气孔等通向外界的地方，采取写小纸条等方式向周围人暗示你的处境，请求外人帮助，设法与外界取得联系；⑤ 不要放弃，想方设法，寻找机会向公安机关报案，拨打电话、发送短信或通过网络等一切可与外界联系的方式尽快报警，说明你所在的地方、买主（雇主）姓名或联系电话等，以便警察及时查找。逃出来后，要迅速找到当地公安局派出所、妇联等机关组织报警、寻求帮助。

三、诈骗

诈骗，是指以非法占有为目的，用虚构事实或者隐瞒真相的方法，骗取公私财物的行为。由于这种行为完全不使用暴力，而是在一派平静甚至"愉快"的气氛下进行的，加之受害人一般防范意识较差，较易上当受骗。

（一）诈骗的形式

1. 借关系进行诈骗

此类骗子往往是冒名顶替或以老乡、朋友的身份进行诈骗的。而受害人往往碍于面子或出于哥们义气，也只好"束手就擒"，更有甚者，把有人寻访看作一种荣耀，而宁可信其有不可信其无，继而慷慨解囊。

2. 借中介为名进行诈骗

此类骗子就是利用青少年急于找到好的兼职、家教的心理，以招钟点工、兼职家教等名义进行诈骗或利用青少年作为其兼职劳动力，从中大捞一把。此类骗子多以"能人"的名义进行诈骗，如谎称自己是导演、公安人员、气功大师、医生等，对找工作等难办的事表示"完全有能力"解决。这类诈骗手段较为单一，较易识破（图3-2-3）。

图 3-2-3　诈骗

3. 以遇到某种祸害急需别人帮助进行诈骗

从目前来看此类骗子多以走失的或财物丢失的学生、灾区群众、落难者等名义进行诈骗。事实上，这种诈骗手段大都比较原始，大家稍加思考就能识破。

4. 以小利益取信，进行诈骗为实

此类骗子极为狡猾，采取欲擒故纵的方法，先以曾许诺的利益予以兑现，让人感到此人所做的事可信，待取得别人的信任后，就狠狠地敲一笔，让人在绝对信任和不知不觉中蒙受重大的损失，此类诈骗计划周密、发现不易，危害性较大。

（二）遭遇诈骗的原因

虽然诈骗行为的形式是多种多样的，但是有一些共同的特征，把握这些特征予以防范，是可以避免使自己误入歧途、落入圈套的。更何况很多骗子的手段并不见得很高明，受骗的主要原因还是出于受害人本身。一般说来，受害人具有一些不良或幼稚的心理意识，是诈骗分子之所以能轻易得手的关键。通常，下面几种不良心理意识易被诈骗分子利用：① 虚荣心理；② 不作分析的同情、怜悯心理；③ 贪占小便宜的心理；④ 轻率、轻信、麻痹、缺乏责任感；⑤ 好逸恶劳、想入非非；⑥ 贪求美色的意识；⑦ 易受暗示、易受诱惑的心理品质等。

1. 思想单纯，分辨能力差

很多青少年与社会接触较少，思想单纯；对一些人或者事缺乏应有的分辨能力，更缺乏刨根问底的习惯，对于事物的分析往往停留在表象上，或根本就不去分析，使诈骗分子有可乘之机。

2. 同情心作祟

帮助有困难的人，这是我国的优良传统，是值得我们继承和发扬的。但如果不假思索去"帮"一个不相识或相识不久的人，这是很危险的。然而遗憾的是，不少青少年就是凭着这种幼稚、不作分析的同情、怜悯之心，一遇上那些自称走投无路急需帮助的"落难者"，往往就会被他们的花言巧语所蒙蔽，继而慷慨解囊，自以为做了一件好事，殊不知已落入骗子设下的圈套。

3. 有求于人，粗心大意

每个人免不了有求他人相助的事，但关键是要了解对方的人品和身份。有些人在有求于人而有人愿"帮忙"时，往往是急不可待，完全放松了警惕；对于对方提出的要求，常常是唯命是从，很积极自觉地满足对方的要求进而铸成大错。

4. 贪小便宜，急功近利

贪心是受害者最大的心理缺点。很多诈骗分子之所以屡骗屡成，很大程度上也正是利用青少年的这种心态。受害者往往是为诈骗分子开出的"好处""利益"所深深吸引，自以为可以用最小的代价，获得最大的利益和好处，见"利"就上，趋之若鹜，对于诈骗分子的所作所为不加深思和分析，不作深入的调查研究，最后落得个捡了芝麻，丢了西瓜的可悲下场。

（三）诈骗的防范

青少年关键是要有这种意识，对于任何人，尤其是陌生人，不可随意轻信和盲目随从，遇人遇事，应有清醒的认识，不要因为对方说了什么好话，许诺了什么好处就轻信、盲从。要懂得调查和思考，在此基础上做出正确的反应。

1. 对过于主动自夸自己有本事或能耐的人，或者过于热情地希望"帮助"别人解决困难的人，要特别注意

那些自称名流、能人的诈骗分子为了能更快地取得别人的信任，以达到其不可告人的目的，大多都会主动地在受害人面前炫耀自己的"本事"，说自己是如何了得，取得什么成就，而且他正在运用他的"本事"和"能耐"为当事人解决困难或满足他的请求。当遇到这种人时，应当格外注意，因为这个"能人"很可能是一个十足的诈骗分子，而且他正企图骗取别人的信任。

2. 对飞来的横财和好处，特别是不很熟悉的人所许诺的利益，要深思和调查

总之，诈骗分子行骗的过程可分为两个阶段：一是博得信任；二是骗取对方财物。对于行骗者和受害者来说，第一阶段都是最重要的，也是行骗者行为表现得最为突出的阶段。虽然行骗手段多种多样，但只要树立较强的反诈骗意识，克服内心的一些不良心理，保持应有的清醒做到"三思而后行，三查而后行"，在绝大多数情况下是可以避免上当受骗的。

第三节　火　　灾

火灾是指在时间和空间上失去控制的燃烧所造成的灾害。在各种灾害中，火灾是最经常、最普遍的威胁公众安全和社会发展的主要灾害之一。

（一）火灾的起因与分类

任何物质的燃烧必须具备三个基本条件：可燃物、助燃剂、火源。没有火源，就不可能发生燃烧，也不会产生火灾。火灾的起因多种多样，非常复杂。以下因素可引发火灾。

1. 明火

因使用明火不慎引起火灾比较多见。如在森林、草原使用明火引起火灾。

2. 暗火

如炉灶、烟囱的表面过热，烤燃靠近的木结构或其他可燃烧物引起火灾。

3. 自燃

自然界某些物质，如煤、油布因为堆放不妥内部通风不良，致使物质内部因缓慢化学变化而产生的积热不能及时有效的散发出去，致使内部温度不断升高，当达到这类物质的燃点时就会发生自燃，进一步就可能引发火灾。

4. 可燃、易燃气体的跑、冒、滴、漏

如管道煤气、天然气泄漏，家用液化气胶皮管老化、龟裂、接头不严，工业企业仓库中存放可燃液体如酒精、煤油等，当发生泄漏时遇到一个火星就可能燃烧甚至爆炸。

5. 机械摩擦发热使接触的可燃物自燃起火

两种物体表面如发生机械摩擦可以发热，这种发热当达到一定程度可以引燃周围易燃物质并进而引起火灾。

6. 用电不慎引起火灾

超负荷用电可造成电线、开关、闸刀、电表、保险丝等处过热；乱搭乱接，不按规格配用合适的保险丝；电器内部发生故障引起过热；电器或电线短路等；这些均可引起局部过热，继而引燃绝缘胶皮及周围的易燃物，并进而引起火灾。

7. 雷击造成火灾

雷击造成森林火灾时有发生，在厂矿、建筑物、城市中，如果没有可靠的防雷保护设施，当雷击发生时，就有可能发生火灾。

8. 静电引起火灾

在某些物质的表面，如化纤织物、绸缎等物，非常容易产生静电，在干燥的气候条件下，这些静电有时可达到很高的电压。在面粉厂、棉纺厂的车间中，往往飘浮着极为细小的粉尘等可燃物，一旦静电放电产生火花，就可能造成燃烧、爆炸，产生火灾。

9. 自然灾害引起火灾

地震、火山爆发等自然灾常常引起火灾，特别是灾害性地震，震中又靠近城市时更是如此，地震引起建筑物倒塌，电器及电线短路甚至高压电线损坏，从而引起广泛的严重的火灾。

10. 各种事故均可引起火灾

如交通事故可造成汽油外泄，遇明火即发生燃烧；违章操作可造成各种化工原料的燃烧或爆炸。

（二）火灾伤害的特点

火灾中的缺氧、高温、烟尘、毒性气体是危害人身的主要原因，其中任何一种危害都能置人于死地。

1. 缺氧

由于火场上可燃物燃烧消耗氧气，同时产生毒气，使空气中的氧浓度降低。特别是建筑物内着火，在门窗关闭的情况下，火场上的氧气会迅速降低，使火场上的人员由于氧气减少而窒息死亡。空气的含氧量降低时对人体的影响，主要有以下几种症状：当氧气在空气中的含量由21%的正常水平下降到15%时，人体的肌肉协调受影响；如再继续下降至10%～14%，人虽然有知觉，但判断力会明显减退（患者自己并不知道），并且很快感觉疲劳；降到6%～10%时，人体大脑便会失去知觉，呼吸及心脏同时衰竭，数分钟内可死亡。

2. 高温

火场上由于可燃物质多，火灾发展蔓延迅速，火场上的气体温度在短时间内即可达到几百摄氏度。当火场温度达到49～50℃时，能使人的血压迅速下降，导致循环系统衰竭。只要吸入的气体温度超过70℃，就会使气管、支气管内黏膜充血起水疱，组织坏死，并引起肺水肿而窒息死亡。据统计分析，人在100℃环境中即出现虚脱现象，丧失逃生能力，严重者会造成死亡。在火场，经常可以发现体表几乎完好无损的死者，这些死者大多是由于吸入过多的热气而致死的。

3. 烟尘

火场上的热烟尘是由燃烧中析出的碳粒子、焦油状液滴，以及房屋倒塌时扬起的灰尘等组成。这些烟尘随热空气一起流动，若被人吸入呼吸系统后，能堵塞、刺激内黏膜，有些甚至能危害人的生命。其毒害作用随烟尘的温度、直径大小不同而不同，其中温度高、直径小、化学毒性大的烟尘对呼吸道的损害最为严重。飞入眼中的颗粒使人流泪，损伤人的视觉；烟尘进入鼻腔和喉咙后，受害者就会打喷嚏和咳嗽。气流里的烟尘冷却到一定程度，水、蒸汽、酸、醛等便会凝结在这些烟尘上，如果吸入这种充满水分的颗粒，很可能把毒性很大或是刺激性的、不同成分组成的液体带入人的呼吸系统。

4. 毒性气体

火灾中可燃物燃烧产生大量烟雾，其中含有一氧化碳、二氧化碳、氯化氢、氮的氧化物、硫化氢等有毒气体，这些气体对人体的毒害作用很复杂。由于火场上的有害气体往往同时存在，其联合效果比单独吸入一种毒气的危害更为严重。这些毒性气体对人体有麻醉、窒息、刺激等作用，损害呼吸系统、中枢神经系统和血液循环系统，在火灾中严重影响人们的正常呼吸和逃生，直接危害人的生命安全。

（三）火灾避险与逃生

发生火灾时，应保持冷静，千万不要慌乱。应根据火势、房型，冷静而又迅速地选择最佳自救方案，争取到最好的结果。可根据实际的情况按如下要点进行避险与逃生。

（1）发生火灾时要迅速判断火势的来源，朝与火势趋向相反的方向逃生。要善于利用身边各种有利于逃生的环境和物品。

（2）不要留恋财物，尽快逃出火场。千万记住逃离火场后不要再返回。

（3）逃生过程中，尽可能关闭你经过的所有门，以减慢火焰和浓烟蔓延的速度。千万不要钻入阁楼、厨房和卫生间内，更不要进电梯。

（4）烟雾弥漫时，防烟面罩是一种行之有效的火灾逃生工具。使用时先打开包装盒并取出呼吸头罩，接着拔掉滤毒罐前孔和后孔的两个红色橡胶塞，然后将头罩戴进头部，向下拉至颈部，滤毒罐应置于鼻子的前面，最后感觉一下舒适程度，再拉紧头带，以妥当地包住头部。没有防烟面罩时，可将一块湿毛巾连续对折三次，就成了八层，用它捂住口鼻，尽量放低身子匍匐前进，并沿着墙壁边缘逃生，以免逃错方向。

（5）必须经过火焰区时，要先弄湿衣服，或用湿棉被、毛毯裹住头和身体，迅速通过，防止身上着火。

（6）万一身上着火，千万不要乱跑，应该就地打滚扑压身上的火苗。如果近旁有水源，可用水浇或者跳入水中。如同伴身上着火，可用衣、被等物覆盖灭火，或用水灭火。

（7）楼梯被烟火封堵时，不要盲目跳楼，要充分利用室内外的设施自救。

① 利用绳索逃生。两手握绳，两脚夹紧，手脚并用直接向下滑。使用的绳索越粗越好，绳子细可以在上面打上若干个结。

② 利用被单、衣物逃生。把床单、被套、衣服等织物撕成条状连接起来，牢牢拴在门窗、阳台等固定物体上，然后顺着下滑。

③ 利用落水管、避雷针引下线逃生。两手抓紧，两脚夹住落水管或避雷针引下线，手脚并用向下移动。

④ 利用天窗逃生。住在顶楼的人，可通过天窗上房顶，向下发出求救信号，等待救援，也可通过旁边的建筑物逃生。

⑤ 利用阳台、毗邻平台逃生。通过阳台、爬到隔壁安全的地方，或通过窗口转移到下一层的平台逃生。

⑥ 利用脚手架、雨篷等逃生。如果发生火灾的建筑物周围有脚手架、雨篷等可以攀缘的东西，都可以用来躲避火势，安全逃生。

（8）逃生路线被火封锁，没有其他逃生条件时，应立即退回室内，关上门窗，用毛巾塞紧门缝，把毛毯、棉被等浸湿后罩在门上，并不断往上浇水降温，防止外面的火焰及烟气侵入。有条件的可打开水龙头，把水浇在地面上降温，同时发出求救信号。

（9）在公共场所，如商场、舞厅、影剧院等遇到火灾，应立即把衣服、毛巾等打湿捂住口鼻，听从指挥，压低身体，向最近的安全门（安全通道）方向有秩序地撤离。

（10）如被困于高处呼救无效时，可在窗前挥动被单、毛巾、枕套等物，引起别人注意（图3-3-1和图3-3-2）。

身上着火，千万不要奔跑，可就地打滚或用厚重的衣物压灭火苗。

室外着火，门已发烫时，千万不要开门，以防大火蹿入室内。要用浸湿的被褥、衣物等堵塞门窗缝，并泼水降温。

遇火灾不可乘坐电梯，要向安全出口方向逃生。

若所有逃生线路被大火封锁，要立即退回室内，用打手电筒、挥舞衣物、呼叫等方式向窗外发送求救信号，等待救援。

图3-3-1　火灾自救

绳索自救法

家中有绳索时，可直接将其一端拴在门、窗档或重物上沿另一端爬下，在此过程中要注意手脚并用（脚成绞状夹紧绳，双手一上一下交替往下爬），并尽量采用手套、手巾将手保护好，防止顺势下滑时脱手或将手磨伤。

（四）急救处理

火灾发生后，对于伤员的急救原则是：一脱、二观、三防、四转。一脱：急救头等重要的问题是使伤员脱离火场，灭火，分秒必争。二观：观察伤员呼吸、脉搏，意识如何，目的是分轻重缓急进行急救。三防：防止创面不再受污染，包括清除眼、口、鼻的异物。四转：把重伤员安全转送医院。

火灾中最多的伤害是烧伤，可根据具体情况进行施救，参见有关章节。

图 3-3-2　火灾绳索自救

第四节　地　　震

地震是地球内部发生的急剧破裂产生的震波，在一定范围内引起地面振动的现象。地震常常造成严重人员伤亡，能引起火灾、水灾，有毒气体泄漏，细菌及放射性物质扩散，还可能造成海啸、滑坡、崩塌、地裂等次生灾害。

（一）避震原则及不同场所避震要点

全球每年发生地震约 500 万次，千百年来地震一直威胁着人类社会的安全。当地震来临时，如何防震避震就成为每个人必须要掌握的基本知识。科学避震可以将地震给人类社会造成的损失最大限度地减少。科学的避震方法如下。

具体根据所处场地不同，选择不同的避震方法。如在户外，应就地选择开阔地蹲下或趴下，不要乱跑，不要随便返回室内。要注意避开人多的地方；避开楼房、高大烟囱、水塔等高大建筑物；避开危险物或悬挂物，如变压器、电线杆、广告牌、吊车等；要避开危险场所，如狭窄街道、危旧房屋、危墙等。如在室内，应保持镇定并迅速关闭电源、燃气、打开房门。地震后房屋倒塌时会在室内形成三角空间，这些地方常常是人们得以幸存的相对安全地点，包括炕沿下、坚固家具旁、内墙墙根、墙角、厨房、厕所、储藏室等开间小的地方。随手抓一个枕头或坐垫护住头部，选择上述小开间就地躲藏，不要靠近窗边或阳台，不可选择跳楼的方式；在平房，根据具体情况可选择就地躲藏，或者跑出室外到空旷地带。如在野外，要避开山脚、陡崖和陡峭的山坡，以防山崩、泥石流滑坡等。如在海边，要尽快向远离海岸线的地方转移，以避免地震可能产生的海啸的袭击（图 3-4-1）。

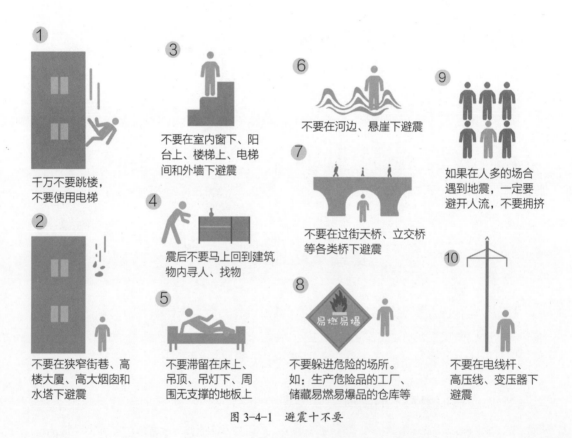

图 3-4-1　避震十不要

（二）震后自救与互救

大地震中被倒塌建筑物压埋的人，只要神志清醒，身体没有重大创伤，都应该坚定获救的信心，妥善保护好自己，积极实施自救。① 自救时，首先要保持呼吸畅通，要尽量用湿毛巾、衣物或其他布料捂住口、鼻和头部，防止灰尘呛闷发生窒息；

②尽量活动手、脚，清除脸上的灰土和压在身上的物件。如果受伤，要想办法进行包扎，避免流血过多。如有可能，可用周围能够挪动的物品支撑身体上方的重物，避免进一步塌落，扩大活动空间，保持足够的空气；③如果是几个人同时被压埋时，要互相鼓励，共同计划，团结合作，必要时采取脱险行动，寻找和开辟通道，设法逃离险境，朝着有光亮、更安全和宽敞的地方移动；④一时无法脱险时，要尽量节省力气。如果能找到食品和水，要节约使用，尽量延长生存时间，等待获救。不要盲目大声呼救，尽可能控制自己的情绪，闭目休息，等待救援人员到来；⑤当听到上面（外面）有人活动时，用砖、铁管等物敲打墙壁，向外界传递消息。当确定不远处有人时，再呼救。震后，在救援队伍暂未抵达时，积极互救是减轻人员伤亡最及时、最有效的办法。

震后救人应坚持时间要快、目标准确、方法恰当和不断壮大互救队伍的原则，具体应遵循以下原则：①"先易后难"：先救埋压较浅，容易救出的轻伤人员；②"先近后远"：先救离自己最近的被压埋者；③"先多后少"：先救压埋人员多的地方，如学校、医院、旅馆、商场等人员密集场所；④"先轻后重"：先救轻伤和强壮人员，扩大营救队伍；⑤先救"生"后救"人"：先使被救者头部露出，避免窒息，再进一步施救。

挖掘时要注意保护好支撑物、清除压埋阻挡物、保证压埋者生存空间。施救时要注意以下情况：①没有起吊工具无法救出被压埋者时，可以送流质食物维持其生命，并做好记号，等待援助，切不可蛮干；②救人时，应先确定被压埋者头部的位置，用最快的速度使其头部充分暴露，并清除口鼻腔内的灰土，保持呼吸通畅。然后再暴露胸腹部，如有窒息，应立即进行人工呼吸；③要妥善加强压埋者上方的支撑，防止营救过程中上方重物发生新的塌落；④压埋者不能自行出来时，要仔细询问和观察，确定伤情；不要生拉硬扯，以防造成新的损伤；⑤对于脊椎损伤者，挖掘时要避免加重损伤。在转送搬运时，不能扶着走，不能用软担架，更不能用1人抱胸、1人抬腿的方式。最好是三四个人扶托伤员的头、背、臀、腿，平放在硬担架或门板上，用布带固定后搬运；⑥遇到四肢骨折、关节损伤的压埋者，应就地取材，用木棍、树枝、硬纸板等实施夹板固定。固定时应显露伤肢末端以便观察血液循环情况；⑦搬运呼吸困难的伤员时，应采用俯卧位，并将其头部转向一侧，以免引起窒息；⑧对饥渴、受伤、窒息较严重，埋压时间又较长的人员，被救出后要用深色布料蒙上眼睛，避免强光刺激。应根据伤员受伤的轻重，采取包扎或送医疗点抢救治疗（图3-4-2）。

图 3-4-2　深布蒙眼，避免强光刺激

第五节　水　　灾

水灾泛指洪水泛滥、暴雨积水和土壤水分过多对人类社会造成的灾害。一般所指的水灾，以洪涝灾害为主。至今世界上水灾仍是一种影响最大的自然灾害。

（一）水灾的成因

水灾形成的原因多种多样，主要可分为自然因素和人为因素。

自然因素中首先是洪水的水源，如暴雨、海啸、冰雪消融、湖水溃决、水库溃坝等。其次是特殊的地貌条件，它不仅影响降雨量，而且地面的高度、坡度切割程度等都直接影响地面水流的汇流。再次是土壤与基岩岩性及地表的植被覆盖情况，这都影响洪灾的发生和发展及其规模大小。

人为因素在洪水灾害形成过程中占有重要地位。在水灾形成原因中，人类活动是不可忽略的因素。① 乱砍滥伐，毁林开荒，破坏了地表的植被；② 城市的热岛效应，使城区的暴雨频率与强度提高，加大了洪水成灾的因素。同时由于城市生活污水或工业污水的净化不力，也加重了洪涝成灾及受灾的程度；③ 围湖造田，湖泊对削弱江河洪峰起着重要作用；④ 在河道内、河滩上盲目发展，也为洪灾的形成创造了有利条件。

（二）水灾避险与逃生

受到洪水威胁，如果时间充裕，应按照预定路线有组织地向山坡、高地、楼房、避洪台等处转移。在措手不及，已经受到洪水包围的情况下，要尽可能利用船只、木排、门板、木床等做水上转移。洪水来得太快，已经来不及转移时，要立即爬上屋顶、楼房高屋、大树、高墙，做暂时避险，等待援救。不要单身游水转移。如已被卷入洪水中，一定要尽可能抓住固定的或能漂浮的东西，寻找机会逃生。游泳逃生，不可攀爬带电的电线杆、铁塔，也不要爬到泥坯房的屋顶。在山区，如果连降大雨，容易暴发山洪。遇到这种情况，应该注意避免渡河，以防止被山洪冲走，还要注意防止山体滑坡、滚石、泥石流的伤害。发现高压线铁塔倾倒、电线低垂或断折，要远离避险，不可触摸或接近，防止触电（图 3-5-1）。

图 3-5-1　水灾

（三）现场急救处理

水灾时救灾首先是打捞落水的或解救被围困的灾民，把他们转移到安全地带实施水上或空中救援。对伤员的急救应根据具体的情况，采用不同的救治措施。水灾时溺水、电击伤者的急救可参照相关章节的内容。在此主要介绍以下几种情况下的急救处理。

1. 机械性损伤的救治

水灾时因房屋受洪水冲刷可倒塌而致人损伤，或被山石、土方、树木等砸伤。这种情况下的损伤大多为多发伤，应根据伤者的情况作相应的急救处理。伤员若无意识，立即让伤员头后仰或偏向一侧，防止舌根下坠阻塞呼吸道。伤员若是呼吸已停止，立即保持呼吸道通畅，并用人工呼吸维持其有效呼吸。若心跳已停止，立即开始胸外心脏按压术。若有出血，应立即压迫出血部位近端的大血管，或用加压包扎止血，尽可能少用止血带。对于肢体出血，应立即抬高患肢以减少出血。若有脊椎损伤的可能，则在搬动患者前，必须采取良好保护性措施，防止脊髓的继发伤。四肢有骨折时，用夹板等暂时固定。

2. 土埋窒息

伤员埋在泥浆砂石中，口鼻被异物堵塞，发生窒息。挖出后应立即清除口、鼻异物，进行人工呼吸。解开伤员领扣、裤带、内衣等，以便检查和治疗。对因口、鼻、下颌、颈部外伤引起窒息的伤员，应吸除口、鼻内的痰、血、呕吐物等。如舌根向后坠影响呼吸，可将伤员置半俯位，或将舌牵出，或做下颌骨折的临时性固定。对呼吸、心跳均已停止的伤员，则在施行人工呼吸的同时进行胸外心脏按压，实施心肺复苏术，呼吸、心跳恢复后，视情况送往灾区医疗站继续进行救治。

3. 蛇咬伤

应选择简易快速的局部处理方法实施现场救治，以防毒素扩散与吸收。具体方法见有关章节。

4. 饥饿的救治

长期饥饿的严重患者，由于其血容量已明显减少，因此稍一活动，或精神激动，均可引起有效循环血量不足，可能突发虚脱，呈现休克状态。在现场抢救时必须特别注意，条件允许时应立即静脉输液，但最低限度要给予口服热饮料后，视患者情况尽快送往医院。

第六节 触 电

触电是指人体或动物体碰触带电体时，电流通过人体或动物体而引起的病理、生理效应。从本质上讲，触电是电流对人体或动物体的伤害，表现为电击和电伤两种伤害。电击是指电流通过人体内部，刺激肌体的生物组织，使肌肉收缩。电伤是指由于电流的热效应、化学效应和机械效应对人体的外表造成的局部伤害，如电灼伤、电烙印、皮肤金属化等。电流通过人体内部，对人体伤害的严重程度与通过电流的大小、电流通过的持续时间、电流通过人体的途径、电流的频率以及人体状况等多种因素有关。而且，各因素不是互相孤立的，各因素之间，特别是电流大小和通过时间之间，有着十分密切的关系。

（一）发生原因

青少年发生触电的原因主要是个人缺乏电气安全知识，如在高压线附近放风筝；攀爬变压器安装点；爬上高压电杆掏鸟巢；用湿手、湿布拧灯泡等。其次为日常用电不慎，如日常照明用的电灯开关、灯头、插座等损坏未能及时维修，用手触摸时发生触电；阴雨天开关潮湿，漏电发生触电（图 3-6-1）。

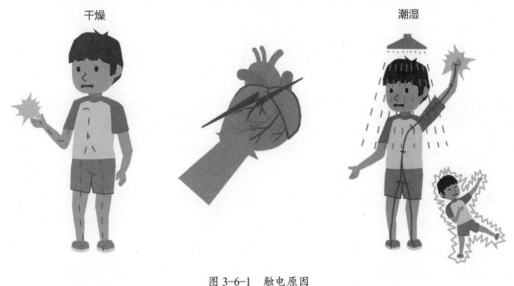

干燥　　　　　　　　　　　　　　　潮湿

图 3-6-1　触电原因

（二）临床表现

当人体接触电流时，轻者立刻出现精神紧张、惊慌、呆滞、面色苍白，呼吸浅快、接触部位肌肉收缩等症状，且有头晕、心动过速和全身乏力或有短暂意识丧失和昏迷，常可迅速恢复。重者立即出现昏迷、持续抽搐或伴有关节脱位或骨折、心室纤维颤动、心跳和呼吸停止。有些严重电击患者当时症状虽不严重，但在 1 h 后可突然恶化。

1. 有些患者触电后，心跳呼吸极其微弱，甚至暂时停止，处于"假死状态"

假死即触电者暂时丧失知觉，面色苍白，瞳孔放大，脉搏、呼吸停止。假死可分为 3 种类型：一是心跳停止，尚能呼吸；二是呼吸停止，心跳尚存，但脉搏微弱；三是心跳、呼吸均停止。由于触电时心跳、呼吸是突然停止的，虽然中断了供血、供氧，但人体的器官还存在微弱活动，有些组织的细胞新陈代谢还在进行，加之体内重要器官未受损伤，所以只要及时进行抢救，触电假死者会有被抢救成功的可能。

2. 电击伤分为电击和电伤，分别有不同的临床表现

（1）电击的临床表现分为四级：1级，触电者肌肉产生痉挛，但未失去知觉；2级，肌肉产生痉挛，触电者失去知觉，但心脏仍然跳动，呼吸也未停止；3级，触电者失去知觉，心脏停止跳动或者停止呼吸；4级，临床死亡，即呼吸和血液循环都停止。

（2）电伤一般发生在肌体外部，并在肌体上留下伤痕。最常见的电伤有电灼伤、电烙印、皮肤金属化三种。① 电灼伤常有一个或数个电流入口和出口，入口处创面大而深，出口处创面较小。外表皮肤损害面积不大，但内部损害严重，组织会发生凝固性坏死，即具有"口小底大，外浅内深"的特点。肌肉组织常呈跳跃式坏死，即夹心性坏死。电流可造成血管壁内膜，即肌层变性坏死和发生血管栓塞，从而引起继发性出血和组织的继发性坏死；② 电烙印发生在人体与带电体之间有良好的接触部位，在人体不被电击的情况下，在皮肤表面留下与带电接触体形状相似的肿块痕迹。电烙印边缘明显，颜色呈灰黄色；③ 皮肤金属化是由于高温电弧使周围金属熔化，蒸发并飞溅渗透到皮肤表面形成的伤害。皮肤金属化以后，表面粗糙、坚硬。

3. 触电还可产生相关的并发症和后遗症

主要表现在触电后从高处跌下可能导致颅脑外伤、出血、血气胸、内脏或大血管破裂、骨折等，肌肉强烈收缩和抽搐使四肢关节脱位和骨折，脊柱旁肌肉强烈收缩甚至引起脊柱压缩性骨折。电流通过神经系统会造成的后遗症有失明、耳聋、周围神经病变、上升性或横断性脊髓病变和侧索硬化症，亦可发生肢体单瘫或偏瘫。少数高压电损伤患者可发生胃肠功能紊乱、白内障和性格改变。

（三）预防与急救措施

1. 触电的预防

（1）认真学习安全用电常识，提高自己防范触电的能力。注意电器安全距离，不进入已标识电气危险标志的场所。不乱动、乱摸电器设备，特别是当人体出汗或手脚潮湿时，不要操作电器设备。不要乱插、私接电源，不要用硬物品或金属物品接触电源，也不要用人体某个部位接触电源，以防触电。

（2）发生电气设备故障时，不要自行拆卸，要找持有电工操作证的电工修理。公共用电设备或高压线路出现故障时，要打报警电话请电力部门处理。

（3）修理电器设备和移动电器设备时，要完全断电。带电容的设备要先放电，可移动的设备要防止拉断电线。

（4）雷雨天应远离高压电杆、铁塔和避雷针。

2. 触电的急救

现场触电急救的原则是：① 迅速——迅速脱离电源；② 就地——就地抢救；③ 准确——判断病情，抢救动作要准确；④ 坚持——坚持抢救，不轻易放弃。

第一步，立即切断电源。

迅速关闭电源总开关。当电源开关离触电地点较远时，可用绝缘工具（如绝缘手钳、干燥木柄的斧等）将电线切断，切断的电线应妥善放置，以防误触。当带电的导线误落在触电者身上时，可用绝缘物体（如干燥的木棒、竹竿等）将导线移开，也可用干燥的衣服、毛巾、绳子等拧成带子套在触电者身上，将其拉出。救护人员注意穿上胶底鞋或站在干燥的木板上，想方设法使伤员脱离电源。高压线需移开 10 m 方能接近伤员（图 3-6-2）。

第二步，当触电者脱离电源后，应根据其不同的生理反应进行现场急救。

在各种触电情况下，无论触电者的状况如何，都必须立即请医生前来救治。在医生到来之前，应迅速实施下面的急救措施。① 如果触电者尚有知觉，但在此之前曾处于昏迷状态或者长时间触电，应使其躺平，就地安静休息，不要使其走动，以减轻心脏负

图 3-6-2　发现有人触电，应尽快断开电源进行急救

担，同时，严密观察呼吸和脉搏的变化；② 如果触电者的皮肤严重灼伤时，必须先将其身上的衣服和鞋袜特别小心地脱下，最好用剪刀一块块剪下。由于灼伤部位一般都很脏，容易化脓溃烂，长期不能治愈，所以救护人员的手不得接触触电者的灼伤部位，不得在灼伤部位上涂抹油膏、油脂或其他护肤油。灼伤的皮肤表面必须包扎好；③ 如果触电者已失去知觉，但仍有平稳的呼吸和脉搏，也应使其躺平，并解开他的腰带和衣服，保持空气流通和安静；④ 如果触电者呼吸困难（呼吸微弱、发生痉挛、发现唏嘘声），则应立即进行人工呼吸和心脏按压；⑤ 如果触电者已无生命体征（呼吸和心跳均停止，没有脉搏），也不应认为他已死亡，因为触电者往往有假死现象，在这种情况下，应立即采用心肺复苏法进行抢救；⑥ 发生出血和骨折等并发症时，应进行有效的止血与固定，防止出现失血性休克等。

第七节　雷　　击

雷击是由雷雨云产生的一种强烈放电现象。云的上部以正电荷为主，下部以负电荷为主。云的上下部之间形成一个电位差。当电位差达到一定程度后，就会产生放电，这就是我们常见的闪电现象。闪电电压高达 1 亿～10 亿 V，电流达几万安培，同时还放出大量热能，瞬间温度可达 1 万℃以上。其能量可摧毁高楼大厦，能劈开大树，击伤人畜。

（一）雷击伤的表现

雷击本身就是一种放电现象，对人体造成伤害根本原因是有电流通过人体，雷电比普通电击电压、电流都大很多，虽然通过人体的时间极为短暂，但是同样会造成多种伤害。

1. 直接损害

雷击后巨大电能直接冲击人体，体表可被烧焦炭化。雷电电流通过心脏，可致心室颤动，心跳停止，雷电电流通过呼吸中枢时，可致呼吸中枢麻痹，呼吸停止，但心搏仍存在。心脏和呼吸中枢同时受累，多数立即死亡。同时雷击可致鼓膜或内脏被震裂。

2. 间接损害及并发症

雷击中幸存者少数可出现短暂精神失常。雷声发生时如处于高处，坠落可致颅脑损伤、胸腹部外伤或肢体骨折。巨大电流引起的烧灼伤，随着病程进展，由于肌肉、神经或血管的凝固、断裂，可于数周出现烧灼面感染出血、坏死，进而出现肾功能衰竭等。中枢神经系统的永久性损伤可致失明、耳聋等后遗症，损伤脊髓可致肢体瘫痪。

（二）预防

1. 室内预防

室内预防雷击包括如下措施：① 在雷雨天将电视机的室外天线与电视机脱离，而与接地线连接。应关好门窗，防止球形雷窜入室内造成危害。打雷时，千万不要靠近室内厨房的烟囱和管道，更不要靠近电气设备；② 暴雨时要拔掉电源插头，不要打电话，不要靠近室内的金属设备如暖气片、自来水管、下水管；尽量离开电源线、电话线、广播线，以防止这些线路和设备对人体的二次放电，人体最好离开可能传来雷电侵入波的线路和设备 1.5 m 以上；③ 另外，不要穿潮湿的衣服，不要靠近潮湿的墙壁。

2. 室外预防

室外预防雷击包括如下措施：① 要远离建筑物的避雷针及其接地引下线；② 远离各种天线、电线杆、高塔、烟囱、旗杆，如有条件进入有宽大金属构架、有防雷设施的建筑物或金属壳的汽车和船只，要远离帆布篷车和拖拉机、摩托车等；③ 应尽量离开山丘、海滨、河边、池旁；尽快离开铁丝网、金属晒衣绳、孤立的树木和没有防雷装置的孤立小建筑等；④ 雷雨天尽量不要在旷野里行走；看见闪电几秒钟内就听见雷声，此时应停止行走，双脚并拢并立即蹲下，不要与人拉在一起或多人挤在一起，要使用塑料雨具、雨衣；不要骑在自行车上行走；不要用金属杆的雨伞，肩上不要扛带有金属杆的工具；⑤ 在空旷的野外，最好的防护场所就是洞穴、沟渠、峡谷或高大树丛下面的林间空地。如果在露天，应离开孤立的大树高度的 2 倍距离之处。如果进洞避雷，应离开所有垂直岩壁 3 m 以外，以免岩壁导电伤人；⑥ 当感觉到电荷时，即头发竖起，或头颈手等体表有蚁爬感，很可能就是受到了电击，要立即趴在地上，并丢弃身上佩戴的金属饰品，或选择低洼处蹲下双脚并拢，双臂抱膝，头部下俯，尽量缩小暴露面（图 3-7-1）。

（三）应急处理

一旦发生雷击事故，应争分夺秒地进行抢救。现场救治遵循"先救命，后治病"的原则，对被雷击伤者应就地进行抢救，救治过程中首先去除燃烧的衣服、鞋子、腰带等以防止进一步的烧伤。如果患者头颈部外伤，就要保持脊柱的稳定，不要轻易挪动。对于神志清醒、呼吸心跳均自主者，让他平卧，暂时不要站立或者走动，防止继发性休克或者心力衰竭。

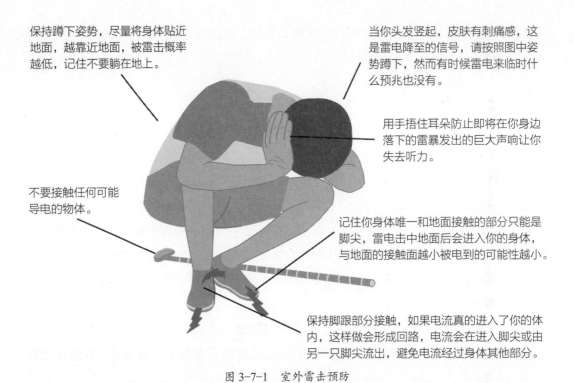

保持蹲下姿势，尽量将身体贴近地面，越靠近地面，被雷击概率越低，记住不要躺在地上。

当你头发竖起，皮肤有刺痛感，这是雷电降至的信号，请按照图中姿势蹲下，然而有时候雷电来临时什么预兆也没有。

用手捂住耳朵防止即将在你身边落下的雷暴发出的巨大声响让你失去听力。

不要接触任何可能导电的物体。

记住你身体唯一和地面接触的部分只能是脚尖，雷电击中地面后会进入你的身体，与地面的接触面越小被电到的可能性越小。

保持脚跟部分接触，如果电流真的进入了你的体内，这样做会形成回路，电流会在进入脚尖或由另一只脚尖流出，避免电流经过身体其他部分。

图 3-7-1　室外雷击预防

第八节　恐　吓

恐吓是以加害他人权益或公共利益等事项威胁他人，使他人心理感到畏怖恐慌。在许多国家这是一项刑事犯罪，无论有无向对方动粗，无论是否行使暴力行动，即使只是语言上威胁受害者（对方）。在我国的现行法律里面没有规定威胁恐吓罪，只是存在恐吓威胁行为。

（一）方式和内容

恐吓的方式有语言威胁，短信、邮件、恐吓信，投寄恐吓物、子弹，携带管制刀具等，内容有死亡威胁，伤害当事人或其家族、公司、财产权等。若意图以此方式来获取他人财物或利益而实行者，称为"恐吓取财"（图 3-8-1）。

（二）应对

1. 要保持沉着冷静

遇到威胁恐吓，首先应该保持自己的头脑冷静，沉着面对，仔细想一想对方为什么会威胁自己，无论是一些诈骗手段，还是一些真的有关自己的事情，都要考虑清楚，不

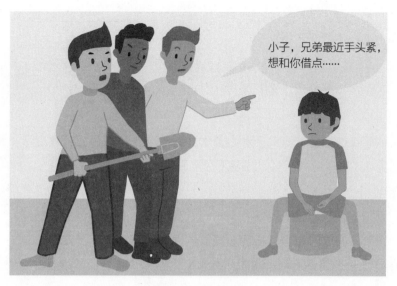

图 3-8-1 恐吓

能慌，乱了阵脚。然后给自己最信任的亲人或朋友打电话，商量应对，不要独自面对和处理，因为有局外之人协助冷静，才能有效稳住对方。

2. 找到对方威胁恐吓的目的

对于对方的威胁恐吓，一定要想清楚对方的目的是什么，然后大脑快速运转，及时的确定出处理的方案，涉及人身安全的，安全是第一位的，不要因为一些钱财，对自己造成伤害。

3. 向律师咨询解决的方法

如果有人威胁恐吓自己，不妨找一个律师咨询一下这个事情的解决方法，通过法律来解决问题还是比较公平合理的，不要盲目地妥协。

4. 寻求警方的帮助

这是非常有效的处理方式，有人威胁恐吓自己，从这一点上就触犯了法律，而自己没犯法，不用有任何顾虑。如一些网络诈骗，专门通过威胁恐吓攻击人，如果你告诉他自己已经报警，一般对方不会再骚扰。

5. 时刻关注周围危险因素

如果收到了威胁恐吓，那么要时刻注意自己周围的情况，增强安全防范意识，主要是要观察好周围存在的危险因素，自己也要有一些应变能力，这样才能够更好地保护自己的人身安全。

6. 在没有其他办法的情况下，可以考虑换个环境生活、换手机号等

如果威胁恐吓一时半会实在解决不了，那么可以考虑换个环境生活，把手机等联系方式都换掉，来躲避对方的恐吓威胁。

第九节　溺　　水

溺水又称淹溺，是指人淹没于水中，水充满呼吸道和肺部而导致窒息、缺氧，最后造成呼吸停止和（或）心跳停止的临床急症。

（一）原因

发生溺水事故的原因很多，包括心理、生理、病理、技术等方面。

1. 心理原因　①怕水心理严重，遇到水后惊慌失措，四肢僵硬容易导致溺水；②青少年好奇心重，安全意识不强，不小心突然落入水中，导致溺水；③争强好胜，打赌比拼，忽视自身的实力，容易导致溺水。

2. 生理原因　①潜水时间过长，产生缺氧窒息，容易导致溺水；②体力不支、饱食、饥饿、酒后等原因导致溺水；③寒冷、疲劳或用力不当，在水中发生肌肉痉挛，容易导致溺水。

3. 病理原因　患有心血管疾病、精神病及癫痫病的患者，下水后引起病发，容易导致溺水。

4. 技术原因　①水中打闹玩耍时，被人误压水底时间过长的，容易导致溺水；②突然呛水，不会调整呼吸，容易导致溺水；③入水方式不当，意外受伤的，容易导致溺水。

5. 其他原因　①对水域情况不明，误入深水或逆向旋涡，容易导致溺水；②游泳场馆管理不规范，设施存在安全隐患，容易导致溺水。

（二）临床表现与分类

落水后数秒内人体会本能地屏气，呼吸暂停、心跳速度下降以及外周血管收缩，以保证心脏和大脑的血液供应。随着溺水时间的推移，机体在极度缺氧情况下，呼吸中枢产生不受控制的非自发性吸气，导致液体进入呼吸道和肺泡，最终导致死亡。

1. 临床表现

溺水患者临床表现个体差异较大，与溺水持续时间长短、吸入水量多少、吸入水的性质及器官损害范围有关，由于溺水时间长短不同，病情轻重不一。

（1）时间短者即在喉痉挛早期（溺水 1～2 min 内）获救者，主要表现为一过性窒息的缺氧，获救后神志多清醒，有呛咳，呼吸频率加快，血压增高，胸闷胀不适，四肢酸痛无力。

（2）喉痉挛晚期（溺水 3～4 min 内）获救者，由于窒息和缺氧时间较长，可出现精神状态改变，头痛或视觉障碍、烦躁不安、抽搐、昏睡、昏迷和肌张力增加，剧烈咳嗽、喘憋、胸痛、呼吸困难、咳粉红色泡沫样痰、心率减慢、血压降低、皮肤厥冷、发绀等征象。在喉痉挛期之后水进入呼吸道、消化道，临床表现为意识障碍、颜面水肿、球结膜充血、口鼻内充满血性泡沫或泥污、杂草、皮肤苍白发绀、呼吸困难，双肺闻及干湿啰音，偶尔有喘鸣音。上腹较膨胀，四肢厥冷。

（3）溺水时间达 5 min 以上时表现神志丧失，口鼻有血性分泌物，严重发绀，呼吸憋喘或微弱浅表、不整，心音不清，呼吸、心力衰竭。以至瞳孔散大、呼吸心跳停止。

2. 临床分类

根据发生溺水后进入呼吸道的液体多少可分为湿性溺水和干性溺水两种情况。

（1）湿性溺水　喉部肌肉松弛吸入大量水分，充塞呼吸道和肺泡发生窒息。水大量进入呼吸道数秒后神志丧失，发生呼吸停止和心室颤动。湿性淹溺约占淹溺者的 90%。

（2）干性溺水　喉肌痉挛导致窒息，呼吸道和肺泡很少或无水吸入，约占淹溺者的 10%。

由于溺水的水所含的成分不同，引起的病变亦有差异，可分为淡水溺水和海水溺水两种情况。

（1）淡水溺水　江、河、湖、泊、池中的水一般属于低渗液，统称淡水。水进入呼吸道后影响通气和气体交换。淡水进入血液循环，引起高血容量，从而稀释血液，引起低钠血症、低氯血症和低蛋白血症。

（2）海水溺水　海水俗称碱水，约含 3.5% 氯化钠溶液及大量钙盐和镁盐。海水对呼吸道和肺泡有化学性刺激作用。肺泡上皮细胞和肺毛细血管内皮细胞受海水损伤后，大量蛋白质及水分向肺间质和肺泡腔内渗出引起肺水肿，同时引起低血容量。

（三）预防

（1）在青少年中开展游泳安全教育，使他们了解在非游泳区游泳的危险性，应根据自身游泳技能选择安全游泳场所，做好游泳前的准备，增强自我保护意识。① 应在成人带领下游泳，学会游泳；② 不要独自在河边、山塘边玩耍；③ 不去非游泳区游泳；④ 不会游泳者，不要游到深水区，即使带着救生圈也不安全；⑤ 游泳前要做适当的准备活动，以防抽筋。

（2）开展对学生家长、教师的安全教育，使他们熟知安全游泳的有关知识，认识自身的责任和义务，做好游泳安全管理。

（四）自救与施救

不会游泳者意外落水后千万不要惊惶失措、拼命挣扎，否则会导致体力消耗过快、身体加速下沉。落水后应立刻屏住呼吸，蹬掉鞋子，放松肢体，身体会自动浮出水面。浮出水面后应尽可能将头后仰，使口鼻浮出水面，用口鼻呼吸，不要胡乱挣扎以免失去平衡。有人施救时不要惊慌失措去抓其身体，一定要听从求助者的指挥，否则很可能连累施救者。会水者溺水多由肌肉抽筋引起。当在水中出现小腿肌肉突发痉挛性疼痛时，应立刻改用仰泳体位，单手抓住患侧大拇脚趾向背屈方向牵拉并按捏腿肚子，缓解后游向岸边或放松在原地等待救援。

发现有人溺水时，救人前要先注意自身安全，若不会游泳不宜强行下水救人，可以在岸上试着用救生圈、竹竿、绳等将溺水者拉出水来。会游泳者下水救人时，在接近溺水者时要转动他的髋部，使其背向自己然后拖运。拖运时通常采用侧泳或仰泳拖运法。溺水者上岸后应立即清除口、鼻内的污泥杂草等异物，解开紧裹胸部的衣物，以免束缚呼吸运动，同时拨打120急救电话呼救。对于心跳呼吸尚存但呼吸道阻塞的溺水者，迅速倒出呼吸道及胃内积水，救助者可单膝跪地将溺水者腹部置于腿上，抬起头部，然后拍打溺水者背部将水拍出。如果溺水者呼吸心跳停止，应立即进行心肺复苏。现场急救后应立即将溺水者送至附近医院继续治疗（图3-9-1）。

图 3-9-1　溺水施救

第十节　车　祸

车祸一般是指行车时发生的伤亡事故。车祸主要危害青少年和老年人，据世界卫生组织统计，每年有18万以上的15岁以下青少年死于道路交通事故，数十万的青少年致残。交通事故在青少年发生意外伤害死亡中占首位原因。车祸后果轻重不一，多见头部受伤、骨折、内脏出血、休克、死亡。

（一）车祸的主要原因

青少年自身存在交通隐患的原因为以下方面。

（1）处于发育阶段，视野有限，不能越过小轿车、越野车或其他路障。同时，由于个子矮小，很难被司机观察到。

（2）对声音的来源较难判断准确，且好奇心强，对异样的声音十分感兴趣。

（3）很容易分心，经常把思想集中在自己的乐趣当中，不理会危险。

（4）骑"飞车"。遵守交通规则的意识都相对淡薄，为了显示骑车的"高超"技术，居然敢于与汽车比快慢，殊不知就此埋下了祸根。

（5）注意力不集中。这是出车祸的主要原因，表现为边走路、边看书、边听音乐，或者左顾右盼、心不在焉。

（6）在路上进行球类活动。即使在路上行走也是蹦蹦跳跳、嬉戏打闹，甚至有时还在路上踢球，这是十分危险的。

（7）缺乏交通安全意识和在交通中的自我保护技能。

（二）车祸的预防措施

预防交通意外事故，主要应从如下几个方面着手。

（1）学习交通安全课程，懂得基本的交通安全知识，熟悉各种交通信号和标志，做到自觉遵守交通规则。

（2）不要在街道上、马路上踢球、溜旱冰、追逐打闹以及学骑自行车等。不要穿越高速公路上的护栏，不要跨越街上的护栏和隔离墩，也不要在铁路轨道上行走、玩耍。

（3）上下学时，不可多人横排行走，不要互相推搡打闹，应该在人行道上行走；过马路时应看清指示信号，不可不看信号灯而猛跑。不要突然横穿马路。另外，在街上和马路上行走时，不要埋头看书或玩手机，以免发生意外。

（4）不要在汽车、拖拉机、摩托车上乱摸乱动，也不要在汽车、拖拉机下面玩耍或睡觉。汽车、拖拉机司机在倒车时应远离，此时司机视线往往易被车厢板挡住，极易发生车祸。

（5）无论是坐公共汽车还是其他车辆，都应该坐稳，不可在车厢内跑来跑去。不要坐在卡车的车厢栏板和货堆顶上，以免急刹车掉下来发生意外。注意待车停稳后上下，汽车行驶时，不要将头、手臂伸出窗外。坐小车时一定要系好安全带。若不系安全带，

图 3-10-1 避免意外伤害

遇小车突然急刹车，容易撞伤，伤势严重者还会有生命危险。

（6）过铁道口时，要看清信号灯，不可盲目通过。当火车通过铁道口时，要站在离铁轨 5 m 以外处，不要靠得太近。因为离得太近，快速行驶的火车产生的风力可将人刮进轨道里，很危险。等火车通过后方能通过铁路道口。

（7）骑自行车时，应遵守交通规则，不要骑车带人。骑车要注意靠右侧行驶，不要在机动车道上行驶。下雨下雪天，最好不要骑自行车，以免滑倒发生意外。骑车时，不要扒车、追车，也不要骑着自行车抓住行驶的车辆。否则，一旦车辆急刹车或急转弯时，易发生车祸。

（8）不要突然从汽车的前面跑过去。在街上行走时，也不要突然从汽车后面跑过，以避免和来往的车辆相撞而造成意外伤害（图 3-10-1）。

（三）车祸的应急处理

1. 向旁人请求支援

无法自行处理时，一定要向旁人求救，及时联络救护。另外，无论多大的车祸都需要报警。为确保伤者安全，原则上尽量不要移动伤者。但若出事地点太危险，则找人帮忙，小心地将伤者搬移至安全场所。为防止引发其他车祸，可利用三角警示牌提醒后方来车（图 3-10-2）。

2. 现场急救

车祸时可能引起各种程度不一的伤害，最重要的是要沉着应对。

（1）首先要检查的是意识及呼吸、脉搏的有无 千万不要扭曲伤者身体，因为车祸时常伤及颈部骨头及神经，扭曲伤者身体更是致命的动作。

（2）检查有没有大出血 血液自伤口大量喷出的动脉性出血或滴滴答答大

打开双闪

图 3-10-2 利用三角警示牌提醒后方来车

量流出的静脉性出血，都可能造成生命危险，此时需尽速进行止血。要用干净的手帕压住伤口，利用直接压迫法来防止大出血。大出血时很容易引起休克，所以必须施行休克救护。若为意识清醒、未有大出血的轻伤，只要在救护车抵达前，依伤势来进行救护即可。

3. 重视后续治疗

车祸时，无论伤势多么轻微，即使看来毫发无伤，也一定要接受医生诊治。车祸时若未接受医生仔细的诊治，可能引起令人意想不到的后遗症。到时不仅是受害者，而且对肇事者来说也可能带来金钱或精神上的损害。

第十一节　炸　　伤

炸伤是一种常见的特殊类型的创伤，一般是指各种爆炸性武器（如炮弹、水雷、手榴弹等）爆炸后对人体所产生的损伤，在日常生活中也经常发生各种意外或人为的爆炸事件，多数情况下是指突然发生伴随爆炸声响、空气冲击波及火焰（如煤气罐、火枪、炸药、鞭炮、礼炮、烟花等）而导致设备设施、产品等物质破坏和人员生命与健康受到损害的预料之外现象而言的。

（一）炸伤的原因和事故类型

爆炸是由压力和温度的极速变化而产生的物理反应过程。炸伤事故类型分为一级、二级和三级爆炸伤（图3-11-1，图3-11-2和图3-11-3），常见炸伤事故的原因如下。

1. 气体燃爆

从管道或设备中泄漏出来的可燃气体，遇火源而发生的燃烧爆炸。

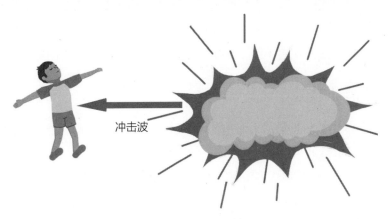

图 3-11-1　一级爆炸伤

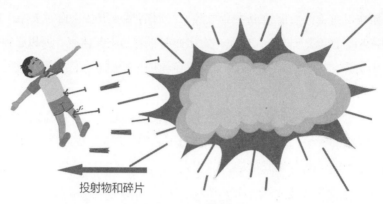

投射物和碎片

图 3-11-2　二级爆炸伤

撞击固定物产生损伤

图 3-11-3　三级爆炸伤

2. 油品爆炸

如重油、煤油、汽油、苯、酒精等易燃、可燃液体所发生的爆炸。

3. 粉尘、纤维爆炸

煤尘、木屑粉、面粉及铝、镁、碳化钙、烟花鞭炮等生产场所的爆炸。

（二）常见炸伤的预防方法

家庭易发生爆炸的常见物品有罐装的杀虫剂、空气清新剂、发胶、摩丝、打火机、液化气罐（煤气热水器）、电冰箱、洗衣机、电视机、手机、充电器、烟花、鞭炮、礼炮等。青少年缺乏安全防护意识，容易疏忽大意，酿成悲剧，做好安全防范措施意义重大。

1. 杀虫剂、摩丝的安全使用

在使用杀虫剂时，要注意最好远离或者关闭电源，不要向火源和红热物品喷射或者直接放在火源旁，要避免产生摩擦静电，避免剧烈摇晃。头上喷完摩丝后，再用电吹风吹头发，这样做很危险。应隔五六分钟后再用电吹风，这样就不会发生易燃气体在头上聚集，吹电吹风后发生燃烧或者爆炸。同时，喷雾杀虫剂灌装气体的压强与外界气温等因素有关，气温越高，罐内气压越大，越容易爆炸，平时应该放在通风阴凉处保存，避免高温暴晒。

2. 热水器的安全使用

热水器一直被称为"浴室隐形杀手"，很多悲剧的产生都是因为热水器的使用不当。因而热水器的安全使用显得尤为重要。在购买和使用的燃气热水器产品，必须是有生产许可证、检验证、合格证的燃气热水器产品。另外要注意通风和定期检查。

3. 空调的安全使用

在使用空调时，首先应选择科学的温度，空调的合理温度值应在26～28℃之间，否则温差太大，会造成空调高负荷运行。另外，不能随便增加房子的用电负荷，以免因线路不堪负荷而发生火灾。对于一些老旧空调一定要定期检查才能继续使用。

4. 冰箱的安全使用

平时家里"一声不吭"的冰箱，同样存在着安全隐患。应注意冰箱要放在干燥通风的地方，离墙至少20 cm，避免阳光直射，不能靠近热源，其次不可将酒精、轻质汽油及其他挥发性易燃物品存放在冰箱内，以免电火花引起爆炸事故。另外，一旦发现电冰箱制冷不正常了，应及时进行检查修理工作。

5. 洗衣机的安全使用

使用洗衣机时要注意按说明书上的要求，正确安装，电源线不宜太长；使用的插头必须完好，禁止用裸线头代替插头插入插座，也不得将洗衣机常放在潮湿不通风的场所；在使用中要防止电机长期过载运行，一旦发现电机发热，转速明显下降时，应停止运转；用完后，要关闭开关，拔掉插头，切断电源，以防烧电机引起火灾。

6. 电视机的安全使用

雷雨天气尽量不用室外天线，如果一定要用，必须安装接地线或避雷针；电视机要放在通风良好处，若放在柜橱中，应多开些气孔，以利通风散热；收看结束，要切断电源，以防长时间通电，发热起火。电视机发生故障和异常现象要立即关机，切断电源，待修好后再看。一旦着火，应用二氧化碳灭火器或用湿棉被毯覆盖灭火，切勿浇水。

7. 烟花、鞭炮的安全使用

尽量选择比较空旷，没有障碍物的地方，尤其要注意避让旁人，放鞭炮勿和他人玩闹，点燃鞭炮不要选用打火机、火柴等明火。如果是点燃较大的鞭炮，最好是用石头将鞭炮的四周抵住，使其不至于在点燃后四处炸开。尤其如果鞭炮的质量不好，或者受潮，很容易引起鞭炮四处爆炸，若是较长的鞭炮，最好选择将其用竹竿悬挂，或者远离人群的位置燃放，如果有些鞭炮在点燃后没有立刻爆炸，千万不要立即跑上前去查看。稍等一段时间后，等没发生爆炸了，再去查看。

（三）炸伤的早期急救处理

1. 爆炸伤伤口的处理原则

尽量保存皮损、肢体，包括离断的肢体，为后期修复、愈合打下基础，最大限度地避免伤残和减轻伤残。颅脑外伤有耳鼻流血者不要堵塞；胸部有伤口随呼吸出现血性泡沫时，应尽快封住伤口；腹腔内脏流出时不要将其送回去，而要用湿的消毒无菌的敷料覆盖后用碗等容器罩住保护，免受挤压，尽快送医院处理。爆炸造成的组织损伤严重，在清创时需要切除更多的组织；爆炸伤创面污染时，其伤道细菌的生长、繁殖速度及感染是影响伤道处理的重要因素，而感染必然会加重组织损伤，产生并发症。

2. 炸伤眼睛不能水冲手揉

眼睛被炸伤，千万不能用水冲，避免水与化学物质产生反应，造成眼睛烧伤。若伤情较重，如眼球破裂伤、眼内容物脱出等，应以清洁纱布或毛巾覆盖后立即送医院。

3. 手部炸伤先止血

如遇炸伤手部有出血部位，应以压迫止血为主，如用止血带，最好不要时间过长，每 15 min 要松解 1 次，以免引起肢体坏死。对于已经掉下来的组织可以用干净的布包起来，外面套塑料袋、橡胶手套等不透水材料，扎紧后放入冰块里，没有冰块，可用冰棍用来降温。

4. 烧烫伤后别用"土法"

有不少人在被烧烫伤后，就会急着把衣服脱下查看伤情，其实这种做法是不对的。烧烫伤后的伤者衣物不要强行脱去，应该用剪刀剪开脱掉，避免烧伤皮肤被剥脱，加重病情。对于烧烫伤给创面涂抹牙膏、酱油、紫药水等行为也是不科学的，这些物品对于控制创面感染不起任何作用，还有加重创面感染的可能。而且由于颜色遮盖创面，容易影响医生对烧伤深浅程度的观察和判断，延误治疗。

第十二节 坠 落

坠落伤一般是指人们日常工作或生活中，从高处坠落，受到高速的冲击力，使人体组织和器官遭到一定程度破坏而引起的损伤。通常有多个系统或多个器官的损伤，严重者当场死亡。

（一）坠落的原因

发生坠落事故的原因较多，根据全球安全组织发布的一项调查显示，在中国，每年有近 5 万名未成年人因意外伤害而失去生命，意外伤害成为 1～14 岁儿童的首要死因，最经常发生的伤害为跌倒/坠落（占 25%），而近一半的意外伤害发生在家中（图 3-12-1）。

（1）环境中存在不安全因素，主要体现在窗户本身或周围的安全措施不够。如窗户铰链出现锈蚀、无安全护栏，落地窗没有使用安全玻璃，飘窗的安装推广，这些均可导致坠落事故更易发生。

（2）学校中青少年之间打闹，爬出窗外擦窗户、嬉戏，教师不在现场等情况，青少年独自在家中翻越护栏等（图 3-12-2）。

图 3-12-1　坠落

图 3-12-2　翻越护栏

（3）对危险的观察力和判断力还不足。强烈的好奇心促使他们想要了解外面的世界，而窗户无疑是独自在家者了解外面世界的途径之一。

（4）对坠落没有清晰的认识，无系统的教育与指导，内心对安全防护的认识不够。

（5）情绪波动大，未得到及时的心理疏导，不珍惜生命。

（二）坠落的预防

预防青少年坠落的工作主要如下。

（1）提高防坠落安全的意识，学会安全处理坠落事故。增加对坠落可能造成危险的防范意识。

（2）不要依靠窗户或阳台处驻足，在阳台、窗台附近或顶楼嬉戏打闹，以防失足坠落。

（3）参加户外活动如攀岩、爬山、蹦极等需了解并遵守活动规则，检查安全保护措施。

（4）远离正在维护的建筑工地，不随意攀爬、嬉闹，避免意外事故。

（5）遇电梯失控，突然下坠，千万不能慌张，不管你在几层，哪怕是几十层楼那么高，首先把你所在楼层以下的所有的楼层按钮都点亮，因为电梯都是智能控制的，这样可以有机会使电梯在中间的某一层可能会停下来，降低下坠高度，减少对生命的危害。

（6）骑马时不宜穿登山鞋、旅游鞋等鞋底带有特殊防滑功能的鞋，骑马最好戴手套、护腿等防护工具，接近马时宜从马的左前方向，动作避免剧烈。剧烈的动作会使马受惊，人一旦从马上摔下来，最危险的就是脚无法脱开脚蹬，穿有带防滑功能的鞋，往往使脚无法脱开脚蹬。应该穿有跟且鞋底较平滑的鞋。同样，骑马不宜带金属边的眼镜，万一落马会对人造成很大的伤害。

（三）常见坠落的应急处理

坠落高度是损伤的主要决定因素。坠落落差越高，伤情越复杂，发生多器官损害的机会越大；病情越危重，死亡率也越高。着地体位亦可造成不同部位的损伤。无论哪一种姿势着地，减速力的作用均可引起腹内或胸内器官损伤。

1. 受伤较轻

一旦发生坠落不要慌乱，迅速拨打急救电话。如果仅是轻微创伤，可以自己用汽车紧急送往医院。

2. 情况严重

（1）去除伤员身上的用具和口袋中的硬物。

（2）在搬运和转送过程中，颈部和躯干不能前屈或扭转，而应使脊柱伸直，绝对禁止一个抬肩一个抬腿的搬法，以免发生或加重截瘫。

（3）创伤局部妥善包扎，但对怀疑颅底骨折和脑脊液漏患者切忌作填塞，以免导致颅内感染。

（4）颌面部伤员首先应保持呼吸道畅通，撤除假牙，清除移位的组织碎片、血凝块、口腔分泌物等，同时解松伤员的颈、胸部纽扣。

（5）复合伤要求仰卧位，保持呼吸道畅通，解开衣领扣。

（6）周围血管伤应压迫伤部以上动脉干至骨骼。

（7）有条件时迅速给予静脉补液，补充血容量。

（8）快速平稳地送医院救治。

第十三节　扭伤与脱臼

扭伤一般是指四肢关节或躯体部的软组织（如肌肉、肌腱、韧带、血管等）损伤。扭伤部位疼痛，关节活动不利或不能，继则出现肿胀，伤处皮肤发红或青紫。

脱臼又称关节脱臼，一般是指关节头从关节窝中滑出，此时关节无法正常活动。脱臼因外伤引起者为外伤性脱臼；因关节病变引起者为病理性脱臼；脱臼后，关节面完全丧失对合关系者为完全脱臼；部分丧失者为半脱臼（图3-13-1）。

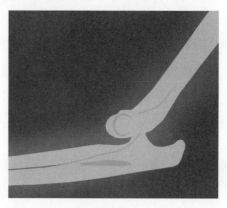

图 3-13-1　脱臼

（一）扭伤和脱臼的分类及症状

1. 扭伤

扭伤多是由剧烈运动或负重持重时姿势不当，或不慎跌倒、牵拉和过度扭转等原因，引起某一部位的皮肉筋脉受损，以致经络不通，经气运行受阻，瘀血壅滞局部而成。多发于腰、踝、膝、肩、腕、肘、髋等部位。青少年常见的扭伤有脚扭伤、手腕扭伤、脖子扭伤和腰扭伤。

【常见扭伤】

（1）当脚扭伤时，首先要分清伤势的轻重，先判断脚扭伤是组织受伤还是骨头受伤，看看受伤的程度。如果脚扭伤后能持重站立，勉强走路，说明扭伤为轻度，只是软组织受伤，可自己处置。如果脚扭伤后足踝活动时有剧痛，不能持重站立或挪步，按着疼的地方在骨头上，并逐渐肿起来，说明可能是骨折，千万别乱动，应该进行简单的固定，并及时到医院进行治疗（图3-13-2）。

（2）手腕扭伤的时候，局部往往会出现肿

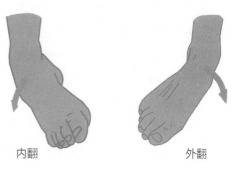

内翻　　　　　　　　　外翻

图 3-13-2　扭伤

胀，在 24 h 以内，可用冰块或凉毛巾进行冷敷，防止肿胀扩大；24 h 后再采用热敷方法，以改善血液循环，促进瘀血吸收。

（3）腰扭伤也叫闪腰，是运动中最常见的一种急性损伤。尤其在比较剧烈的运动中容易发生。腰扭伤者最好睡硬板床，绑扎宽腰带，并锻炼腰肌。

（4）颈部扭伤，一般叫"落枕"。由于风寒侵袭项背或睡觉时颈部位置不当，或头部猛力扭转等原因引起的颈部一侧的疼痛。

【扭伤表现】

扭伤主要表现为损伤部位疼痛肿胀和关节活动受限，多在外力作用下，使关节发生超常范围的活动，造成关节内外侧副韧带损伤。主要的扭伤症状与体征如下。

（1）扭伤肌肉会产生疼痛并无法运动到位。

（2）皮肤产生瘀血、擦伤。

（3）肿胀。

2. 脱臼

脱臼主要分为三大类，分别为肘关节脱臼、肩关节脱臼和髋关节脱臼，大约分别占脱臼总人数的 25%、25% 和 40%。

【常见脱臼】

（1）肘关节脱臼是肘部常见损伤，多发生于青少年，成人和儿童也时有发生。由于肘关节脱臼类型较复杂，常合并肘部其他骨结构或软组织的严重损伤，如肱骨内上髁骨折、尺骨鹰嘴骨折和冠状突骨折，以及关节囊、韧带或血管神经束的损伤。多数为肘关节后脱臼或后外侧脱臼。

（2）肩关节脱臼按肱骨头的位置分为前脱臼和后脱臼。肩关节前脱臼者很多见，常因间接暴力所致。后脱臼很少见，多由于肩关节受到由前向后的暴力作用跌倒时手部着地引起。后脱臼可分为肩胛冈下和肩峰下脱臼，肩关节脱臼如在初期治疗不当，可发生习惯性脱臼。

（3）髋关节脱臼是一种严重损伤，因为髋关节结构稳固，必须有强大的外力才能引起脱臼。在脱臼的同时软组织损伤亦较严重。且常合并其他部位或多发损伤。因此患者多为活动很强的青壮年。这种损伤应按急诊处理，复位越早，效果越好。

【脱臼表现】

关节脱臼只有当关节囊、韧带和肌腱等软组织撕裂或伴有骨折时方能发生脱位。具有以下症状与体征。

（1）关节畸形，失去正常关节外观，骨标志改变。

（2）活动失常，失去正常活动功能，常弹性固定于半屈曲状态。

（3）患肢缩短。

（4）局部肿胀或积血。

（5）压痛。

（二）扭伤和脱臼的预防

扭伤和脱臼的原因概括起来，主要有过度的运动、运动前没有进行合理的热身和身体适应性太差。对本病的预防最主要的是要加强运动保护，防止创伤发生，体育锻炼前应做好充分的准备动作，防止损伤，避免四肢用力牵拉（图3-13-3）。

1. 训练方法要合理

要掌握正确的训练方法和运动技术，科学地增加运动量。

2. 准备活动要充分

在实际工作中，我们发现不少运动损伤是由于准备活动不足造成的。因此，在训练前做好准备活动十分必要。

3. 注意间隔放松

在训练中，每组练习之后为了更快

图 3-13-3　预防扭伤和脱臼

地消除肌肉疲劳，防止由于局部负担过重而出现的运动伤，组与组之间的间隔放松非常重要。

4. 防止局部负担过重

训练中运动量过分集中，会造成机体局部负担过重而引起运动伤。

5. 加强易伤部位肌肉力量练习

据统计，在运动实践中，肌肉、韧带等软组织的运动伤最为多见。因此，加强易伤部位的肌肉练习，对于防止损伤的发生具有十分重要的意义。

（三）扭伤和脱臼应急处理

1. 扭伤或脱臼的急救方法是一样的

首先就要固定疼痛处关节，不要挪动，再利用湿毛巾或市售冷湿药布冷敷疼痛的关节。然后尽早就医。如果是轻微扭伤，则只需固定患部，加以冷敷，不多久便会自然痊愈。但如果疼痛一直未减缓，则需就医。

2. 关节禁止活动

足关节因扭伤而感疼痛时，绝对禁止走路，因为这可能会延迟治疗或恶化病情。

腕、踝关节扭伤时，首先要轻轻脱掉衣服，切不可用力碰到扭伤部位，然后拿冰冷敷一下，然后送往医院进行专业治疗。

第十四节　刺　　伤

刺伤一般是指用锋利的东西刺或戳而受伤。刺伤多为锐性尖物所引起，这类伤易伤及深部组织和脏器，容易发生感染，特别是厌氧菌的感染。

（一）刺伤的原因

在日常劳动、生活中，手或身体其他部位被木刺、竹篾、铁钉、玻璃碴或鱼刺等刺伤的情况时有发生。在使用一些坚硬锋利工具，例如刀片、针头，有时人们安全防范意识较差，操作使用不当，违反操作规程，也容易发生意外刺伤。

（二）刺伤的预防

预防刺伤主要有以下几方面：提高安全防范的意识，熟悉处理伤口的方法，搞好刺伤急救知识教育，学会安全使用坚硬锋利工具，严格遵守操作规程，使用过程中不可疏忽大意，减少意外刺伤的可能性。

（1）在日常生活中做好安全教育，提高自我保护意识（图3-14-1）。

（2）使用坚硬锋利工具时做好防护措施，例如戴上手套，增加防御刺伤保护层。

（3）容易造成刺伤的工具物品要专门存放保管，使用完毕应立即放回原位，尽量避免接触。

（4）日常生活中不随意使用刀具、针头，不在使用时玩耍、打闹。

（5）养成良好的生活习惯，吃饭时要细嚼慢咽，不边吃边说话，不看电视，不吵闹大笑，尤其是对于鱼等易造成刺伤的食物时更要加倍小心。

（6）要正确使用各种设备和工具，遵守操作规程，熟悉注意事项，不违反使用方法。

（7）家中常备一些处理刺伤的药品，万一发生刺伤可以及时处理。

（三）常见刺伤的应急处理

若尖锐的东西刺入皮肉，这种刺伤很复杂，因为伤口小，深度不定，如刺在胸、腹、腰、头面等要害部位，还可能出现内脏损伤、血管破裂、脏器刺破，其危险性很

图 3-14-1　刺伤的预防

大，故对刺伤切勿掉以轻心。

1. 小且浅的刺伤可自己处理

（1）用 2% 碘酒消毒刺伤周围，用酒精脱碘、盐水或干净白开水棉球擦拭伤口后包扎即可。在紧急处理刺伤伤口时，需要挤压伤口，这时会有血流出，同时细菌也会被排出。所以，处理刺伤伤口时要把手洗干净，并使用消过毒的器具，切勿未清洁洗手即处理刺伤伤口，这样反而可能导致细菌入侵、产生炎症。

（2）被钉子、针、玻璃等锐利的物品刺伤时，应首先拔出铁钉等，用消过毒的镊子或小钳子，顺着铁钉扎入的方向往外拔出，拔出时用力要均匀，不要左右晃动，以减少对周围机体组织的损伤。一般会有少量血流出，因为伤口窄、深、细菌不易被排出，所以容易引发炎症。

（3）一旦被刺伤，无论伤口多小，都有患上破伤风的危险，所以务必要及时就医，及时注射破伤风抗毒素。因为一旦发生破伤风，死亡率高达 70%～80%，切莫疏忽大意。

（4）被铁钉刺伤后，铁钉已拔出，可用力在伤口周围挤压，挤出瘀血与污物，以减少伤后感染。如果铁钉断在伤口里，伤者应马上停止走动，并将取出的部分钉子一起送到医院，通过手术拔除。

（5）导致刺伤的异物不是玻璃，而且有一端裸露在皮肤外，可取一把镊子，将镊子末端放在火焰上进行消毒，待镊子冷却后，一边分散注意力，使伤者不会太紧张，一边轻轻用镊子夹出异物。

（6）异物留滞在皮下，可用火焰消毒缝衣针，或将其放在消毒酒精、消毒水中浸泡几分钟。在异物所处的皮肤部位放一块冰，使皮肤多少有些麻木，再用消毒过的针轻轻挑开皮肤，使异物暴露出来，用消过毒的镊子将异物夹出来。

2. 伤口较深且有出血的刺伤的急救方法（图 3-14-2）

（1）止血

（2）清洗伤口

用清水冲洗伤口，然后用酒精消毒过的镊子从伤口中拣出刺伤物，如果某些较大的残片依旧深深地嵌在伤口里，就赶紧去看医生。

（3）使用抗生素

清洗完伤口以后，可以在伤口上涂抹一层厚厚的抗菌乳膏使伤口表面保持湿润。虽然这些药品并不会使伤口愈合更快，但它们能有效地抑制伤口感染。

（4）包扎伤口

这是为了保持伤口的清洁并抵御有害细菌的侵扰。

（5）定期更换敷料

一旦伤口处变脏并且受潮，请立刻更换敷料。如果对某些绷带的橡皮膏过敏，就用抗敏性的绷带、消毒纱布来替代。

（6）时刻注意伤口是否出现感染症状

一旦发现伤口处疼痛加重并有发红、流脓、发热或者肿胀，请立即就医。

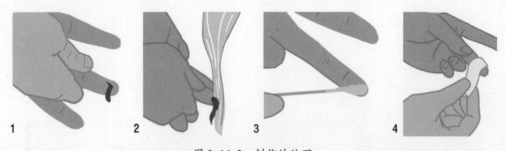

图 3-14-2　刺伤的处理

3. 哪些刺伤情况需要医院就诊

（1）刺比较大、嵌入皮肤比较深、刺伤流血不止、带泥土的刺、扎的刺位于关节处比如手肘或膝盖、位于眼部及附近时，应寻求医生帮助。此外，如果刺拔除后，局部仍红肿不退，且越来越厉害，并有疼痛、灼热等，说明伤口已有感染，也应去医院进一步诊治。

（2）若尖锐的东西刺入皮肉，这种刺伤很复杂，因为伤口小，深度不定，如刺在胸、腹、腰、头面等要害部位，还可能出现内脏损伤、血管破裂、脏器刺破，其危险性很大，故对刺伤切勿轻心。

（3）对于刺在要害部位或可疑要害部位较深的刺伤，不能随便拔掉刺物，避免因拔出后引起大出血，应急送医院抢救。

（4）腹部刺伤肠管脱出不可送回腹腔内，先用消毒纱布覆盖伤口，然后用干净碗扣住肠管，再包扎、固定。

（5）胸背部刺伤造成开放性气胸，应先封闭伤口，然后到医院进行紧急处理。

（6）如刺伤在会阴部、眼皮、口唇等部位，可用红汞消毒，也需到医院进一步诊治。

（7）刺伤后伤口不断出血，消毒后紧紧加压包扎后到医院进一步处理。

（8）刺伤后须注意预防破伤风，到就近医院注射破伤风抗毒素。

第十五节　砸　　伤

砸伤一般是指身体受到外部物体压砸或撞击，而造成的身体损伤，轻者可出现疼痛、瘀血、红肿，重者会造成身体功能障碍、肌痉挛等。

（一）常见砸伤的原因

常可见于胳膊、腿部、腰部、臀部等组织被钝性物体如砖头、石块、门窗、机器或车辆等暴力损伤；也可见于爆炸冲击所致的挤压伤；人群自身拥挤、踩踏造成伤害；更严重的是土方、石块造成的损伤，这种伤常引起身体一系列的病理改变；高空坠物是造成砸伤的最常见原因，高空坠物后，砸伤的受损程度与外部物体的重量和尖锐程度有关，越重的物体损伤越大，越尖锐的物体越容易砸伤（图3-15-1）。

图 3-15-1　高空坠物

（二）砸伤的预防

1.眼观六路，耳听八方

不管在什么地方活动，都要认真观察，注意身边的情况。假如听到异常的响动，一定要迅速做出逃生的反应。

2.远离危险，安全第一

（1）在大风暴雨天气及时关窗，收好可能因风大刮落的物品如晾晒的衣服，阳台的花盆等。尽量减少外出，危险主要来自高楼上的悬挂物（大型广告牌、年久失修的空调室外机、外飘窗、防盗网、破旧的窗户等），避免自然外力造成坠物（图3-15-2）。

图 3-15-2　砸伤的预防

（2）遇到进行高空维修、清洗外墙面等高空作业时，做好防护措施，防止物品不慎坠落，留意指示牌，及时避让或绕道行走，一定要远离这些可能带来危险的东西，避免在高楼下行走，如必须从高楼下经过，尽量贴着墙壁快速通过。

3.预见危险，自我保护

（1）我们不仅要防止被伤害，也要防止因为自己的疏忽而伤害别人。假如你住在高楼，就应该定期检查空调的固定情况，检查阳台晾晒及悬挂的物品、花盆及其他物品的摆放是否牢靠。要了解窗户固定的安全性。

（2）在进行各项推掷铅球、标枪等运动项目时，要在规定的场地进行，并听从体育老师的口令，按规范的动作进行，观看的同学也要站在安全的地方，避免被砸伤。

（3）在外遇到下冰雹时，应尽量用书包或其他遮挡物盖住头部，并立即到安全的地方躲避。

（4）无论课内还是课外都不要爬篮球架、足球门，以免脱手跌伤自己，篮球架、足球门倾倒砸伤自己和他人。

（5）打扫卫生擦玻璃时，一定不要站在窗台上擦，或者将身体探出窗外，以免跌落和高空坠物受伤。

（6）遇地震、山洪、泥石流、房屋坍塌等灾害时，切勿慌乱，应尽量避开各种建筑设施及河堤山脚，在平坦处避险。

（7）勿在建筑工地玩耍、逗留，地上杂物较多，容易扎伤脚，楼房上面随时可能掉砖瓦砸伤头。

（三）砸伤的应急处理

1. 四肢砸伤

应注意是否有开放性骨折，是否伤及动脉静脉血管，主要以止血固定为主。

（1）若只是肌肉砸伤时，应立即给予冷敷，抬高患肢，卧床休息。同时可服用一些止疼、止血类药物。

（2）如果是骨折，则骨折部位肿胀，皮下出血有骨摩擦音，伤处剧烈疼痛，遇此情况，千万不要乱扭动伤处，应用光滑的木板将伤肢固定，立即送医院诊断和治疗。

（3）如果是开放性骨折，伴有大出血的人，要先止血再固定，并用干净布片或纱布覆盖伤口，然后迅速送医院救治。

2. 腰部、胸部、背部等部位的砸伤

首先不应该移动患者，以免造成腰椎颈椎错位，加重身体损伤，将伤员平卧在硬木板（或门板）上，并将腰椎躯干及两下肢一同进行固定，预防瘫痪。搬运时应数人合作，保持平稳，不能扭曲。平地搬运时伤员头部在后，上下楼、下坡时头部在上，搬运中应严密观察伤员，防止伤情突变。

3. 头部砸伤

首先要观察伤者的神志是否清醒。

（1）伤员昏迷，心跳、呼吸存在，应立即将其头部偏向一侧，防止舌根后坠，影响呼吸。对无心跳、呼吸的伤员，应就地进行人工呼吸及胸外按压，再立即送医院进一步抢救。

（2）如有耳鼻出血的，应考虑伤员可能有颅脑损伤，切不可用棉花、毛巾堵塞，以免造成颅内压力过高和细菌感染，须立即到医院诊治。

（3）有一类损伤是头部表皮无损伤，仅是局部出现血肿或硬块，则为头皮血肿。较小的血肿早期予以冷敷，加压包扎，24～48 h后改为热敷，待其自行吸收。血肿一般在7～10 d可被吸收。

（4）如果血肿较大，5～7 d仍未见吸收迹象，则须到医院，在严格的皮肤消毒下进行穿刺抽血后加压包扎，一般3～4 d 1次，直至血肿消失。穿刺包扎后，不要用手来回推动头皮，以免造成血肿复发。

4. 指趾砸伤

（1）手指脚趾砸伤者，无皮肤破损，可贴敷消炎止痛膏，或24 h内用冷水毛巾冰敷。

（2）被重物或硬物碾压且疼痛、肿胀，断裂，怀疑有骨折时，应及时将伤指用干净布料包裹后，立即送医院诊治。

第十六节　烧　　伤

烧伤一般是指热、化学物质或者辐射造成的皮肤或者黏膜组织的损伤，严重者可能伤及皮下、黏膜下组织，如肌肉、骨、关节甚至内脏。热的液体（如水、汤、油）、蒸汽、高温气体、火焰、炽热金属液体或固体（如钢水、钢锭）等都有可能造成烧伤。

（一）烧伤程度及症状

烧伤一般分为三个程度（图 3-16-1）。

一度烧伤：一般只涉及表皮层，会出现皮肤疼痛明显，皮肤发红，无水肿、水疱。

二度烧伤：一般涉及全部上皮组织，包括腺体组织和毛囊，会形成水疱和瘢痕，局部湿润，疼痛，可能会留下瘢痕。

三度烧伤：一般涉及全部厚度的皮肤甚至内脏，会导致大范围的损害。烧伤区域可能会渗出液体，更严重的情况可能是局部干燥，皮肤褪色，烧焦坏死，会留有瘢痕，甚至毁容、有生命危险等。

图 3-16-1　烧伤分度图

（二）烧伤的原因

通常，在室内引起的烧伤主要有明火（如打火机、香烟、火炉、火柴）、鞭炮、烧红的金属（如正在工作的烤箱气电部件、锅碗瓢盆），还有刚熄灭的灯泡、热的液体（开水、热饮、热油）、水蒸汽以及触电。在室外引起的烧伤主要有意外起火、爆炸、焚烧、雷击、高压线触电、摩擦烧伤等。

（三）烧伤的预防

预防青少年烧伤的工作主要有：提高防火安全的意识，熟悉使用灭火器，搞好消防演习，学会安全使用易燃易爆物品，减少火焰烧伤。增加对高温度物体可能造成危险的防范意识，减少烫伤。注重室内外用电安全，防止电灼伤。熟悉日常化学物质的特性，正确使用或不接触危险性化学物质，防止化学烧伤。

（1）夏季烈日下，暴露皮肤时间不能太长，防止晒伤。

（2）化纤纺织品易燃性高，且燃烧时粘着皮肤，加重烧伤，不宜用作贴身衣裤。

（3）易燃物品应与其他物品分开放置，预防燃烧。

（4）日常生活中不玩火、不纵火，厨房、食堂、澡堂、开水锅炉等地方容易发生烧烫伤，要格外小心，看到热油、热水、热蒸汽、加热的金属等，不要乱摸乱碰。

（5）养成良好的生活习惯，不要吸烟，更不要在床头吸烟、乱丢烟头，不慎或乱丢烟头是引起火灾的最常见因素。

（6）要正确使用电及各种电器设备，不要同时使用多种高额定功率电器，更不要乱拉电线，造成超电荷而引起线路短路或碰电，闪出电火花造成电击，甚至引燃其他物品造成火灾。

（7）不要接触危险性化学物质，实验室确实有需要使用化学物质时，要熟悉实验操作规程，并按规定采取必要的安全措施。

（8）遇到室内起火，切忌高声呼叫；高层建筑发生火灾时，千万不能乘坐电梯，要走消防通道；穿过烟雾弥漫的室内或走廊楼梯时，要用湿布掩护口鼻，打湿身上衣裤，并低身前行，防止吸入高温烟雾窒息或中毒。

（9）要认真配合学校或社区搞好消防演习，熟悉沙箱、灭火器的使用，自身防护的正确处置办法以及紧急出逃路线。

（10）家中常备一支烧伤特效膏药，对轻微烧伤会有所帮助。

（四）常见烧伤的应急处理

1. 明火烧伤

身上燃烧着的衣服如果难以脱下来，可卧倒在地滚压灭火，或用水浇灭火焰。切切勿带火奔跑或用手拍打，否则可能使得火借风势越烧越旺，使手被烧伤。也不可在火场大声呼喊，以免导致呼吸道烧伤。要用湿毛巾捂住口鼻，以防烟雾吸入导致窒息或中毒。烧伤急救的时候，谨记"冲、脱、泡、包、送"的五字要诀。冲：用清水冲洗烧伤创面；脱：边冲边用轻柔的动作脱掉烧伤者的外衣，如果衣服粘住皮肉，不能强扯，可以用剪刀剪开；泡：用冷水浸泡创面；包：用干净的布单、衣物包扎伤处；送：尽快送到具有救治烧伤经验的医院治疗（图3-16-2）。

2. 开水烫伤

被开水（或高温蒸汽）烫伤后，最为简单有效的急救就是用大量的流水持续冲洗降温，持续大约20 min，让患处温度与周边正常皮肤温度一致。在冲洗的过程中应该注意流水冲力不应过大，要尽量保存烫伤后水疱的完整性。如有衣物，应于降温后予以剪除，但不能强行剥离，以免撕破水疱。创面不要用有颜色的"红药水"或者"紫药水"，甚至是用酱油等涂抹，以免影响医生对烧伤严重程度的判断。经过上述简单处理后，可以一边使用冰袋冷敷创面止痛，一边到专科医院或烧伤整形科就诊。

冲：
马上在烫伤的地方，冲20～30 min的冷水

3. 滚油烫伤

被热油烫到时应立即用柔软的棉布轻轻擦去溅到的油，再用干净毛巾沾冷水湿敷烫伤处（前提是患处没有破损）。烫伤程度浅，一般不会留有瘢痕，但在创面愈合干燥后会有色素沉着，根据个人体质随着时间的增长可以慢慢消退。

脱：
在流动的冷水中小心除去衣物

泡：
将受伤部位浸泡于浴盆中

包：
以干净的毛巾包住伤口

4. 喝水烫伤

喝开水烫伤，剧烈咳嗽会出现声嘶，同时伴有咽痛、吞咽困难等症状，属于轻度损伤。若发生咽喉烧烫伤，可以马上慢慢吞咽凉开水，减轻疼痛，不要吃硬的或热的食物，以流质食物为主。对咽喉水肿严重，已明显影响呼吸者，应立即送医院诊治。

送：
立即送医治疗

图 3-16-2　烧伤急救五步骤——冲脱泡包送

5. 电击烧伤

具体方法见有关章节。

6. 电器或热金属烫伤

要立即断电，迅速脱离致伤环境，然后用冷水冲或浸泡，又或用毛巾包裹冰块敷在烫伤处，不要涂抹药物或者菜油、豆油。如有大面积烫伤则必须立即送医院急救。

7. 体外化学品灼伤

化学性皮肤烧伤应立即移离现场，迅速脱去被化学物玷污的衣裤、鞋袜等。被浓硫酸和生石灰烧伤不能马上用水冲，而是先用干净的布条擦干，新鲜创面上不要任意涂上油膏或红药水，不用脏布包裹。被黄磷烧伤时应用大量水冲洗、浸泡或用多层湿布覆盖创面。化学品灼伤眼睛、鼻、口，立即用大量水缓缓彻底冲洗，忌用稀酸中和溅入眼内的碱性物质；反之亦然。烧伤者应及时送医院。

8. 体内化学品烧伤

口腔、食管不慎进入化学品，掌握化学物品毒性及摄入量，并紧急送医院。

第十七节　强酸强碱损伤

强酸强碱损伤指具有强腐蚀作用的化学物质对人体组织的损害。腐蚀剂通常指强酸和强碱，属强烈的原浆毒，可引起严重的组织损伤，甚至穿孔，或遗留瘢痕。强酸主要指硫酸（H_2SO_4）、盐酸（HCl）、硝酸（HNO_3）三种无机酸。

图 3-17-1　强酸强碱损伤

强碱主要包括氢氧化钠（NaOH）、氢氧化钾（KOH）、氧化钠（Na_2O）、氧化钾（K_2O）四种（图 3-17-1）。

（一）危害

（1）口服强酸后在口腔、食管、胃肠引起充血、水肿、坏死及溃疡。创面可产生不同颜色的痂皮。继而发生穿孔、瘢痕形成及畸形。强酸烟雾吸入后对肺组织产生强烈的刺激和腐蚀作用，破坏了肺泡壁的表面活性物质，使肺泡壁通透性增强，致使液体由毛细血管渗透到间质和肺泡内产生肺水肿。经消化道、呼吸道和皮肤吸收的过量强酸，进入血液后，与血液中贮备的碱（碳酸氢盐和碱性磷酸盐）相结合，可产生酸中毒，并损伤肝、肾，引起黄疸、肝功能异常。浓硫酸的致死量约为 1 ml，浓硝酸为 8 ml，浓盐酸约为15 ml。长期接触低浓度酸雾的工人可产生牙齿酸蚀症、皮炎、湿疹和慢性支气管炎。

（2）强碱广泛应用于冶金、造纸、染料、印染、纺织、人造纤维、制皂、制药、制革、化验试剂等行业。口服强碱后，口腔黏膜呈红棕色，有水肿、溃疡、食管或胃可发生穿孔，常可因瘢痕收缩而致消化道狭窄。强碱进入眼内，可引起结膜炎，结膜和角膜的水肿、溃疡及坏死，严重者可致失明。

（二）急救措施

（1）口服强酸后，应立即饮用或向胃内灌入弱碱类溶液如氢氧化铝凝胶或石灰水的上清液或极稀薄的肥皂水进行中和。然后内服生蛋清、牛奶或豆浆等用以保护烧伤的黏膜创面。并立即紧急就医。

（2）皮肤和眼部强酸烧伤后，应立即用大量清水或生理盐水冲洗 5～10 min。烧伤皮肤亦可用 1% 氨水或 4% 碳酸氢钠溶液洗涤，然后分别按皮肤和眼烧伤进行常规处理。

（3）服强碱后，应尽速给予食用醋，3%～5% 醋酸或 5% 稀盐酸，饮用大量橘汁或柠檬汁以中和之。继而给蛋清水、牛乳、豆浆、植物油口服，每次 200 ml。并立即紧急就医。

（4）皮肤及眼部强碱烧伤后，即刻用清水冲洗，洗到皂液物质消失为止，再按烧伤处理。

（三）预防措施

误食强酸强碱决不能进行催吐，这可能引起食管的进一步损伤，可喝牛奶、豆浆、鸡蛋清等，以减少化学物质给食管带来的损伤。从临床来看，误喝化学剂液体的病例并不少见。误食的通常是青年人，比较粗心大意的人。常常是有人拿了矿泉水瓶或者日常饮食器皿来盛装这些化学剂，没有标识，又放在触手可及的地方，被误饮了。

第十八节　冻　　伤

冻伤最易发生于手、足、指、趾、耳等处。低温寒冷是造成冻伤的主要因素，但是否发生冻伤还与其他因素有关：① 气候因素：包括空气的湿度、流速和天气骤变等。潮湿和风速大都加快身体的散热；② 局部因素：任何使局部血液循环发生障碍，热量减少的因素均可导致冻伤，如长时间站立或浸泡水中等；③ 全身因素：冻伤与否与身体素质和当时的身体状况有关，如疲劳、虚弱、紧张、饥饿、创伤等均可减弱人体对外界温度变化调节和适应能力，使局部热量减少。

（一）冻伤分类

根据冻伤的范围与程度，临床上将冻伤分为全身冻伤和局部冻伤两种。全身性冻伤可出现寒战、四肢发凉或发绀，体温逐步下降，感觉麻木，神志模糊，反应迟钝，严重者可昏迷直至死亡。局部冻伤又分为如下三度。

一度： 损伤发生在表皮层，皮肤红肿充血，自觉热、痒、灼痛。如不继续受冻，症状数日后即可消失，不留瘢痕。

二度： 损伤达真皮层，除红肿充血外还有水疱，疼痛剧烈，感觉迟钝，1～2 日后水疱可吸收，2～3 周愈合，不留瘢痕。

三度： 损伤达全皮层，严重者深达皮下组织、肌肉、骨骼，甚至整个肢体坏死。开始时皮肤变白，以后逐渐变褐色直至黑色，组织坏死。坏死组织脱落后，可留有溃疡经久不愈。

（二）冻伤急救

冻伤发生后，尤其是全身冻伤，是否进行现场抢救直接关系到伤病员的预后。快速融化复温，在数小时内使中心体温迅速回升度过冻僵状态。有自主脉搏时应柔和地做人工呼吸并缓慢加温（图 3-18-1 和图 3-18-2）。

1. 全身浸泡法 将受冻者置于 34~35℃温水中，5 min 后将水温提高至 42℃以防

由于耳郭暴露于体表，加之耳郭皮肤薄，皮下组织少，血管表浅，血流缓慢，极易因低温而被冻伤

耳郭冻伤后

轻者

血管收缩引起局部缺血，出现痒感，继之水疱形成，内积血性液体，有明显痛感

重者

耳垂及耳轮边缘呈死灰色，完全失去知觉

长时间受冻后，耳郭皮肤和软骨的冻伤部位可发生溃烂、坏死，造成耳郭软骨膜炎，使耳郭变形弯曲

发生耳郭冻伤后，应及时去医院诊治。预防的关键是做好耳郭保暖，严冬外出时戴上可遮住耳郭的帽子或耳罩

图 3-18-1 冬季小心耳朵冻伤

迅速离开低温现场和冰冻物体，将患者移至室内

如果衣服与人体冻结在一起，应用温水融化后再轻轻脱去衣服

保持冻伤部位清洁，外涂冻伤膏。切记冻伤部位不要用热水泡或用火烤

加盖衣物、毛毯保温

尽快去医院治疗

图 3-18-2 冻伤如何处置

止剧烈疼痛及突然体温升高引起室颤，当受冻者呼吸、心跳、知觉恢复，出现寒战、肢体发软、皮肤红润有热感后，停止复温。

2. 其他复温方法 如热饮，温溶液静脉注射，吸入湿热空气等。

第十九节 煤气及其他气体中毒

常见的有害气体中毒分为窒息性气体、刺激性气体、混合性气体。窒息性气体可分为单纯型和化学型（与体内物质化学性结合），前者包括二氧化碳、氮气等；后者包括一氧化碳等。刺激性气体具有刺激性，常见的氯气、氨气等。混合性气体兼有窒息性及刺激性，如硫化氢、金属烟雾等。其中一氧化碳是最常见的气体中毒，通常发生于用煤炭取暖的家庭和家庭液化气、煤气泄漏（图3-19-1）。

（一）煤气中毒

煤气中毒即一氧化碳中毒，一氧化碳气体为无色、无刺激性、无气味的有毒气体，也是最常见的窒息性气体，凡是含碳物质燃烧不完全时，均可以产生一氧化碳气体，如工业上炼钢、矿井放炮、烟火燃烧不完全等防护措施不到位、通风不良的情况下，极易产生一氧化碳，发生急性中毒。在生活性中毒中，则常常是家用煤炉、燃烧木材及煤气泄漏时发生一氧化碳中毒。

1. 分型

（1）轻型

中毒时间短，血液中碳氧血红蛋白（COHb）为10%～20%。表现为中毒的早期症状，头痛眩晕、心悸、恶心、呕吐、四肢无力，甚至出现短暂的昏厥，一般神志尚清醒，吸入新鲜空气，脱离中毒环境后，症状迅速消失，一般不留后遗症。

（2）中型

中毒时间稍长，血液中碳氧血红蛋白占30%～40%，在轻型症状的基础上，可出现虚脱或昏迷。皮肤和黏膜呈现煤气中毒特有的樱桃红色。如抢救及时，可迅速清醒，数天内完全恢复，一般无后遗症状。

（3）重型

发现时间过晚，吸入煤气过多，或在短时间内吸入高浓度的一氧化碳，血液碳氧血红蛋白浓度常在50%以上，患者呈现深度昏迷，各种反射消失，大小便失禁，四肢厥冷，血压下降，呼吸急促，会很快死亡。一般昏迷时间越长，预后越严重，常留有痴

图 3-19-1　煤气中毒

呆、记忆力和理解力减退、肢体瘫痪等后遗症。

2. 煤气中毒的预防

（1）加强宣传力度，广泛宣传。室内用煤火时应有安全设置如烟囱、通气窗、排风扇等，传播煤气中毒可能发生的症状和急救常识，尤其强调煤气对小婴儿的危害和严重性。煤炉烟囱安装要合理，若没有烟囱的煤炉，夜间要放在室外。

（2）不使用违规热水器，如直排式热水器或烟道式热水器，这两种热水器都是目前国家明文规定禁止生产和销售的；不使用超过安全保障期热水器；安装热水器最好请专业人士安装，不得自行安装、拆除、改装，冲凉时浴室门窗不要紧闭，冲凉时间不要过长。

（3）在驾车时，发动机不能长时间空转；车在停驶过程中，不要长时间地开空调；即使是在行驶中，也应经常打开车窗，让车内外空气产生对流，保持空气流通。在驾驶或乘坐空调车时如感到头晕、发沉、四肢无力时，应及时开窗呼吸新鲜空气。

（4）在有可能产生一氧化碳的地方安装一氧化碳报警器，报警器专门用来检测空气中一氧化碳浓度的装置，能在一氧化碳浓度超标的时候及时地报警，有的还可以自动控制打开窗户或排气扇，使人们远离一氧化碳的侵害。

（二）其他气体中毒

常见的刺激性气体有氯气、氨气、光气、氢氧化物、氮氧化物、二氧化硫、硫化氢、氯化氢、硫酸二甲酯等，刺激性气体对眼、皮肤、黏膜产生直接刺激的作用。症状较轻者，可仅表现为眼和上呼吸道黏膜刺激症状，患者有流泪、畏光、流涕、喷嚏、咽痛、咽干、刺激性呛咳等症状，重者产生弥漫性肺泡性肺水肿，表现为中毒性肺炎或中毒性肺水肿，严重者发展为成人呼吸窘迫综合征，可因刺激迷走神经引起反射性心脏骤停而猝死，即所谓的"闪电式死亡"。

（三）煤气中毒的现场急救（图3-19-2）

（1）现场急救人员要进行自身准备，佩戴防毒面罩，身着化学防护服，查清气体中毒来源，初步诊断是何种有害气体中毒，掌握事发现场基本情况，以便及时处理。

（2）迅速将中毒者从中毒现场救出，脱离有害气体环境，转移到空气新鲜处或上风向安全空旷地带，同时将患者的衣扣及腰带解开，解除束缚。

（3）抢救人员充足的情况下，对抢救中毒的患者进行编号，根据伤者情况迅速进行预检分类，保证能对危重患者进行全力抢救，提高抢救成功率，减少病死率，其中，老弱病残者，是重点救治对象。

（4）摆好体位，患者取平卧位或头侧卧位，使呼吸道保持通畅，防止误吸，若有呼吸、心搏骤停、呼唤不醒的患者，应即刻给予现场心肺复苏。

（5）及时拨打120呼救，在现场急诊处理后，立即送往医院。

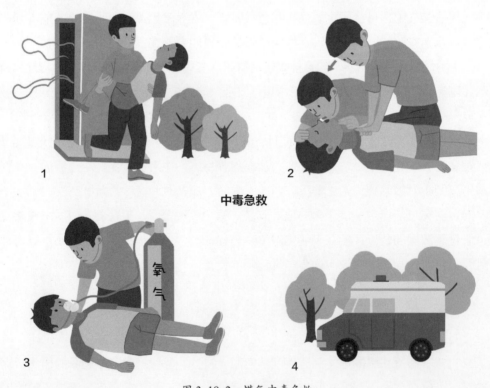

中毒急救

图3-19-2 煤气中毒急救

第二十节 食 物 中 毒

食物中毒指食用被有毒有害物质污染的食品或者食用含有毒有害物质的食品后出现的急性、亚急性疾病。食物中毒主要分为细菌性食物中毒、化学性食物中毒、真菌毒素中毒、植物性毒素中毒、动物性毒素中毒，一般不包含病毒性、寄生虫性感染。食物中毒一般具有以下四个特点：① 中毒患者在相近的时间内均食用过某种共同的中毒食品，未食用者不中毒，停止食用中毒食品后，发病很快停止；② 从摄入有毒食物到发病的时间间隔较短，发病急剧，病程亦较短；③ 所有中毒患者的临床表现基本相似；④ 一般无人与人之间的直接传染（图 3-20-1）。

（一）食物中毒常见类型

（1）夏季细菌性食物中毒多发，主要是由于这段时期的较高气温适合细菌生长繁殖，另一方面夏秋季人体肠道的防御机能下降，易感性增强。

（2）食用有毒动植物也可引起中毒。如食入未经妥善加工的河豚可使末梢神经和

有毒动植物　　　　　　　　　　　　　　　　细菌污染

发霉食品　　　　　　　　　　　　　　　　化学物品

图 3-20-1　食物中毒

中枢神经发生麻痹，最后因呼吸中枢和血管运动麻痹而死亡。一些含一定量硝酸盐的蔬菜，贮存过久或煮熟后放置时间太长，细菌大量繁殖会使硝酸盐变成亚硝酸盐，而亚硝酸盐进入人体后，可使血液中低铁血红蛋白氧化成高铁血红蛋白，失去输氧能力，造成组织缺氧。发霉的大豆、花生、玉米中含有黄曲霉的代谢产物黄曲霉素，其毒性很大，它会损害肝脏，诱发肝癌。

（二）食物中毒病因

1. 细菌性食物中毒

是指人们摄入含有细菌或细菌毒素的食品而引起的食物中毒。引起食物中毒的原因有很多。

（1）其中最主要、最常见的原因就是食物被细菌污染。常见的有：① 禽畜在宰杀前就是病禽、病畜；② 刀具、砧板及用具不洁，生熟交叉感染；③ 卫生状况差，蚊蝇滋生；④ 食品从业人员带菌污染食物。

（2）发生食物中毒的另一主要原因就是贮存方式不当或在较高温度下存放较长时间。

（3）食物中毒最后一个重要原因为食前未充分加热，未充分煮熟。

（4）细菌性食物中毒的发生与不同区域人群的饮食习惯有密切关系。美国多食肉、蛋和糕点，葡萄球菌食物中毒最多；日本喜食生鱼片，副溶血性弧菌食物中毒最多；我国食用畜禽肉、禽蛋类较多，多年来一直以沙门氏菌食物中毒居首位。

（5）每至夏天，各种微生物生长繁殖旺盛，食品中的细菌数量较多，加速了其腐败变质；加之人们贪凉，常食用未经充分加热的食物，所以夏季是细菌性食物中毒的高发季节。

2. 真菌毒素中毒

真菌在谷物或其他食品中生长繁殖产生有毒的代谢产物，人和动物食入这种毒性物质发生的中毒，称为真菌性食物中毒。中毒发生主要通过被真菌污染的食品，用一般的烹调方法加热处理不能破坏食品中的真菌毒素。真菌生长繁殖及产生毒素需要一定的温度和湿度，因此中毒往往有比较明显的季节性和地区性。

3. 动物性食物中毒

食入动物性中毒食品引起的食物中毒即为动物性食物中毒。动物性中毒食品主要有两种；① 将天然含有有毒成分的动物或动物的某一部分当作食品，误食引起中毒反应；② 在一定条件下产生了大量的有毒成分的可食的动物性食品，如食用鲐鱼等也可引起中毒。近年，我国发生的动物性食物中毒主要是河豚中毒，其次是鱼胆中毒。

4. 植物性食物中毒

主要有 3 种：① 将天然含有有毒成分的植物或其加工制品当作食品，如桐油、大麻油等引起的食物中毒；② 在食品的加工过程中，将未能破坏或除去有毒成分的植物当作食品食用，如木薯、苦杏仁等；③ 在一定条件下，不当食用大量有毒成分的植物性食品，食用鲜黄花菜、发芽马铃薯、未腌制好的咸菜或未烧熟的扁豆等造成中毒。最常见的植物性食物中毒为菜豆中毒、毒蘑菇中毒、木薯中毒；可引起死亡的有毒蘑菇、马铃薯、曼陀罗、银杏、苦杏仁、桐油等。

5. 化学性食物中毒

主要包括：① 误食被有毒害的化学物质污染的食品；② 因添加非食品级的或伪造的或禁止使用的食品添加剂、营养强化剂的食品，以及超量使用食品添加剂而导致的食物中毒；③ 因贮藏等原因，造成营养素发生化学变化的食品，如油脂酸造成中毒。

（三）食物中毒临床表现

此病的潜伏期短，可集体发病。表现为起病急骤，伴有腹痛、腹泻、呕吐等急性肠胃炎症状，常有畏寒、发热，严重吐泻可引起脱水、酸中毒和休克。具有如下特征。

（1）由于没有个人与个人之间的传染过程，所以导致发病呈暴发性，潜伏期短，来势急剧，短时间内可能有多数人发病，发病曲线呈突然上升的趋势。

（2）发病与食物有关。患者在近期内都食用过同样的食物，发病范围局限在食用该类有毒食物的人群，停止食用该食物后发病很快停止，发病曲线在突然上升之后呈突然下降趋势。

（3）食物中毒患者对健康人不具有传染性。

（四）食物中毒家庭处理

（1）呕吐、腹泻会造成体液大量损失并引起多种并发症状，直接威胁患者的生命。这时，应大量饮用清水补充液体，尤其是开水或其他透明的液体，以促进致病菌及其产生的肠毒素排除，减轻中毒症状。

（2）腹泻是机体防御功能起作用的一种表现，它可排除一定数量的致病菌释放的肠毒素，故细菌性食物中毒不应立即用止泻药。特别对有高热、毒血症及黏液脓血便的患者应避免使用，以免加重中毒症状。

（3）饮食要清淡，先食用容易消化的食物，避免食用容易刺激胃的食品。

（4）食物中毒后应立即送医院救治，否则会有生命危险。

（五）食物中毒预防

为预防和减少食物中毒，建议从以下方面做起。

（1）不要采摘、捡拾、购买、加工和食用来历不明的食物、死因不明的畜禽或水产品，以及不认识的野生菌类、野菜和野果。

（2）购买和食用定型包装食品时，请查看有无生产日期、保质期和生产单位，不要食用超过保质期的食品，建议不要购买散装白酒和植物油。

（3）要做好自备水的防护，保证水质卫生安全；不要饮用未经煮沸的生活饮用水。

（4）妥善保管有毒有害物品，包括农药、杀虫剂、杀鼠剂和消毒剂等不要存放在食品加工经营场所，避免被误食、误用。

（5）加工、贮存食物时要做到生、熟分开；隔夜食品在食用前必须加热煮透后方可食用。

（6）养成良好的个人卫生习惯，在烹调食物和进餐前要注意洗手，接触生鱼、生肉和生禽后必须再次洗手。

（7）家庭自办宴席时，主办者应了解厨师的健康状况，并临时隔离加工场地，避免闲杂人员进入。

（8）进餐后如出现呕吐、腹泻等食物中毒症状时，要立即组织自行救治，可用筷子或手指刺激咽部帮助催吐排出毒物。同时，应及时向当地卫生行政部门报告，并保留所有剩余的食物、有关工具和设备，以备核查中毒原因。

第二十一节　中　暑

中暑是指人长时间处于高温环境，不能充分出汗降低体温而引起威胁生命的疾病。根据不同临床表现可分为：先兆中暑、轻症中暑、重症中暑。根据发病机制不同又可将重症中暑分为：热痉挛、热衰竭、热射病等类型。体温在38℃以内的称为先兆中暑；如体温在39℃上下，伴有面色潮红、皮肤灼热、呼吸急促、呕吐、血压下降等症状者为轻度中暑；高热或过高热（体温大于40℃），出现昏迷、抽搐者为重度中暑。先兆中暑或轻度中暑经适当处理，数小时内即可恢复，重度中暑如处理不及时很可能有生命危险。

根据中暑的常见原因，临床上又分为中暑衰竭、中暑痉挛、中暑高热三种类型，它们临床表现各有特点，处理也有区别（图3-21-1）。

1. 先将患者移至阴凉且通风良好处，让他安静休息

2. 放低头部、平躺休息并松开衣物

3. 扇风或用水擦拭患者身体，以帮助降温

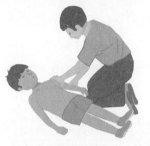

4. 帮患者按摩四肢肌肉，并注意他的意识是否清醒

5. 如果有呕吐的状况，应让患者侧躺，以免呕吐物阻塞呼吸道

6. 若情况未改善则需尽快送医，切记不可擅自服用退烧药或酒精擦拭身体

图 3-21-1　中暑

（一）分类

【中暑衰竭，又称为热衰竭或虚脱型中暑】

高温环境下机体为了加强散热，皮肤、肌肉的血管扩张，同时出汗增多，导致大量失水，血液黏稠度增大，此时如果心脏功能和血管舒缩调节不能跟上皮肤、肌肉循环的需要，即可引起有效循环降低，造成周围循环衰竭。

1. 临床表现

起病较急，初有倦怠、头昏、头痛、眩晕、恶心、多汗，继而神志模糊、面色苍白、皮肤湿冷、脉细弱、血压下降及脱水表现，如有呕吐则脱水加重，体温不高或轻度升高。有受热病史及末梢循环衰竭的表现即可确诊。发病前患者多半有劳累、站立过久、睡眠不好或心血管方面的疾病等。

2. 应急处理

迅速将患者撤离高温环境转移至阴凉通风处静卧休息。解开衣服，给予清凉淡盐水、菊花茶等饮料。脱水严重者应入医院就诊。

【中暑高热】

因环境温度过高、劳动强度过大、出汗过多，致体温调节功能发生障碍，散热机能全面失效，体内产热与外热侵入积聚体内，体温急剧升高而发病。

1. 临床表现

起病大都急骤，有些病例事先有头痛、头昏、恶心、胸闷、四肢麻木及意识模糊等前驱症状。体温高达41～42℃，皮肤灼热无汗，呼吸与脉搏加快，继之有呕吐，严重者可昏迷。根据高热、汗闭和昏迷，诊断多无困难。

2. 应急处理

处理的关键是迅速降温，在抢救现场可采用物理降温的方法，抢救无效（或在抢救的同时送医院）时应及时送医院进行药物降温。

物理降温：一旦发现此型中暑患者，应用一切可能的方法尽快降温。解开患者的衣服并转至树下、屋后等阴凉通风处仰卧休息，如无条件，应用可能找到的任何物品如衣服、床单等遮住阳光。用冷毛巾敷头部，扇子扇风，用凉水或酒精擦身。同时做体表按摩，从而使体表血管扩张加强散热，并利于促使体表冷血液回流入体内过热的脏器。如有浴盆、冰块，也可把患者全身除头部外放入冷水中，由于水传导热的能力比空气强，降温更有效。

【中暑痉挛】

多见于青壮年，由于在高温环境下工作，大量出汗，机体中水分及氯化钠的供应与出汗的消耗不相适应，以至发生电解质平衡紊乱，尤其是血钠过低，引起以肌肉痛性痉挛为主的一系列症状。

1. 临床表现

患者常诉口渴，肌肉"抽筋"，疼痛，头昏乏力。痉挛多发生于工作中劳动强度最大的肌肉，如四肢肌肉、腹肌等，呈对称性，少数为单侧。体温、血压大多正常。

2. 应急处理

立即离开高温环境，补充盐水及纠正水、电解质平衡失调，轻者可予口服，重者同时滴注生理盐水。

（二）中暑的预防

中暑最重要的还是以预防为主。措施有：

（1）增强体质，提高耐热及调节能力。如经常运动，注意休息，保持良好心情，进餐注意营养，预防各种疾病等。

（2）科学安排工作、运动和出门时间。在高温时段"11时至16时"避免强体力活动，出门后采取防晒措施，如涂防晒霜、戴太阳镜、打遮阳伞等。

（3）在出汗多的情况下及时饮水及补充盐和矿物质。

（4）发现中暑先兆，及时采取措施。在高温高湿环境下工作、活动时如果出现心慌、气短、头晕、无力等症状甚至昏厥时，要立即停止一切活动并立即实施降温措施，这样就能将中暑遏制在萌芽中。不要等病情严重了再采取措施，那样将置患者于十分危险的境地。

（5）合理的劳动与休息，根据生产特点及具体条件，适当调整夏季高温作业劳动和休息时间，保证夏季有充分的睡眠和休息。

第二十二节　毒蛇咬伤

　　毒蛇，指能够分泌毒液的蛇。毒蛇一般体形不大，头呈三角形状，有毒牙。毒蛇的毒液一般储藏在毒牙中，在捕捉猎物或者自卫的时候通过毒牙喷出毒液，或者是咬住攻击对象之后再把毒液通过毒牙注射到攻击对象的体内。当毒液进入人体血管之后，毒液会通过血液循环流遍全身，从而使局部乃至全身分别引起不同的中毒症状，若不及时处理甚至可能会丧命（图3-22-1）。

毒蛇口腔内有一对毒牙（左）；无毒蛇口腔内无毒牙

毒蛇咬伤的牙痕　　　　　无毒蛇咬伤的细小牙痕

图3-22-1　毒蛇咬伤

　　我国蛇类有160余种，其中毒蛇有50余种，有剧毒、危害巨大的有10种，如大眼镜蛇、金环蛇、眼镜蛇、五步蛇、银环蛇、蝰蛇、蝮蛇、竹叶青、烙铁头、海蛇等，咬伤后能致人死亡。无法判定是否毒蛇咬伤时，按毒蛇咬伤急救。

（一）病因机制

1. 毒蛇的分类

毒蛇大致可分成三大类。

（1）以神经毒为主的毒蛇　有金环蛇、银环蛇及海蛇等，毒液主要作用于神经系统，引起肌肉麻痹和呼吸麻痹。

（2）以血液毒为主的毒蛇　有竹叶青、蝰蛇和龟壳花蛇等，毒液主要影响血液及循环系统，引起溶血、出血、凝血及心脏衰竭。

（3）兼有神经毒和血液毒的毒蛇　有蝮蛇、大眼镜蛇和眼镜蛇等，其毒液具有神经毒和血液毒的两种特性。

2. 蛇毒的有效成分

（1）神经毒　主要作用于神经系统。

（2）心脏毒　主要作用于心脏引起心力衰竭。

（3）溶细胞毒　可使血细胞破坏，血管内皮细胞发生坏死。

（4）凝血素　可引起血栓形成。

（5）各种酶　可引起溶血和组织破坏。

（二）关于诊断的问题

（1）是否为蛇咬伤，首先必须明确除外蛇咬伤的可能性，其他动物也能使人致伤，如蜈蚣咬伤、黄蜂蜇伤，但后者致伤的局部均无典型的蛇伤牙痕，且留有各自的特点：如蜈蚣咬伤后局部有横行排列的两个点状牙痕，伤口部位有强烈疼痛感。一般情况下，蜈蚣等致伤后，伤口较小，且无明显的全身症状。黄蜂或蝎子等毒虫蜇伤后局部为单个散在的伤痕，如蜂蜇伤会起个小包。

（2）是否为毒蛇咬伤，主要靠特殊的、局部伤情及全身表现来区别。毒蛇头部略成三角形，身上有色彩鲜明的花纹，上颌长有成对的毒牙。毒牙呈沟状或管状与毒腺相通，当包在腺体外的肌肉收缩时，将蛇毒经导管排入毒牙，注入被咬伤的人和动物体内。毒蛇咬伤后，伤口局部常留有一对或3～4颗毒牙痕迹。且伤口周围明显肿胀及疼痛或麻木感，局部有瘀斑、水疱或血疱，全身症状也较明显。无毒蛇咬伤后，局部可留两排锯齿形牙痕，或有血流出。

（3）是哪种毒蛇咬伤，准确判断何种毒蛇致伤比较困难，从局部伤口的特点，可初步将神经毒的蛇伤和血液毒的蛇伤区别开来。再根据特有的临床表现和参考牙距及牙痕形态，可进一步判断毒蛇的种类。如眼镜蛇咬伤患者瞳孔常常缩小，蝰蛇咬伤后半小时内可出现血尿，蝮蛇咬伤后可出现复视。

（三）应急措施

毒蛇咬伤后现场急救很重要，应采取各种措施，迅速排出毒液并防止毒液的吸收与扩散。到达有条件的医疗站后，应继续采取综合措施，如彻底清创、内服及外敷有效的蛇药片，抗蛇毒血清的应用及全身的支持疗法。

【阻止毒液吸收】

被咬伤后，蛇毒在3～5 min内就迅速进入体内，应尽早采取有效措施，防止毒液吸收。

1. 绑扎法

是一种简便而有效的方法，也是现场容易办到的一种自救和互救的方法。即在被毒蛇咬伤后，立即用布条类、手巾或绷带等物，在伤肢近侧5～10 cm处或在伤指（趾）根部予以绑扎，以减少静脉及淋巴液的回流，从而达到暂时阻止蛇毒吸收的目的。在后送途中应每隔20 min松绑一次，每次1～2 min，以防止肢体瘀血及组织坏死。待伤口得到彻底清创处理和服用蛇药片3～4 h后，才能解除绑带（图3-22-2）。

手指咬伤绑扎部位

手掌或前臂咬伤绑扎部位

脚趾咬伤绑扎部位

下肢咬伤绑扎部位

图 3-22-2　毒蛇咬伤绑扎

2. 冰敷法

有条件时，在绑扎的同时用冰块敷于伤肢，使血管及淋巴管收缩，减慢蛇毒的吸收。也可将伤肢或伤指浸入4～7℃的冷水中，3～4 h后再改用冰袋冷敷，持续24～36 h即可，但局部降温的同时要注意全身的保暖。

3. 伤肢制动

受伤后走动要缓慢，不能奔跑，以减少毒素的吸收，最好是将伤肢临时制动后放于低位，送往医疗站。必要时可给适量的镇静，使患者保持安静。

【促进蛇毒的排出及破坏】

存留在伤口局部的蛇毒，应采取相应措施，促使其排出或破坏。

（1）最简单的方法是用嘴吸吮，每吸一次后要做清水漱口，当然吸吮者口腔黏膜及唇部应无溃破之处。也可用吸乳器、拔火罐等方法吸出伤口内之蛇毒，效果也较好。伤口较深并有污染者，应彻底清创。

（2）胰蛋白酶局部注射有一定作用，它能分解和破坏蛇毒，从而减轻或抑制患者的中毒症状。

【抑制蛇毒作用】

主要是内服和外敷有效的中草药和蛇药片，达到解毒、消炎、止血、强心和利尿作用，抗蛇毒血清已广泛用于临床，对同种毒蛇咬伤效果较好。

（四）预防

蛇咬伤严重威胁着广大劳动者的身体健康，应在危害较大的地区，采取积极的预防措施，尽量减少蛇咬伤的发病率，降低死亡率。

（1）首先要建立健全毒蛇咬伤防治网，从组织上及人力上予以落实，做到任务明确，专人负责。

（2）其次要发动群众搞好住宅周围的环境卫生，彻底铲除杂草，清理乱石，堵塞洞穴，消灭毒蛇的隐蔽场所，经常开展灭蛇及捕蛇工作。同时要搞好预防毒蛇咬伤的基本知识普及。

（3）在野外从事劳动生产的人员，户外旅行上山时，穿登山鞋或长靴，可避免被蛇咬的危险。进入草丛前，应先用棍棒驱赶毒蛇，在深山丛林中作业与执勤时，要随时注意观察周围情况，在山野中行走，应穿好长袖上衣，长裤及鞋袜，必要时戴好草帽，不要随便把手插入树洞或岩石空隙。大多数蛇不会主动攻击人，只有人不小心踩住或要抓它，蛇才会咬人。遇到毒蛇时不要惊慌失措，应采用左、右拐弯的走动来躲避追赶的毒蛇，或是站在原处，面向毒蛇，注意来势左右避开，寻找机会拾起树枝自卫。

（4）四肢涂擦防蛇药液及口服蛇伤解毒片，均能起到预防蛇伤的作用。

（5）被毒蛇咬伤后打119，119并不只是火警电话，当你遇到较大的危难时，同样可以打119。119得到消息，立刻会派人去救援，如果被蛇咬了，也会送患者到有血清的医院治疗。

第二十三节　狗咬伤

狗咬伤一般是指被狗咬伤，局部出现咬伤瘀点或出血，引起伤口感染或病原体传播。狂犬病是由狂犬病毒引起的一种急性传染病，通过被患病动物咬伤或皮肤黏膜缺损接触病毒直接接触而感染，是一种人畜共患性疾病，损害的主要是中枢神经，为乙类传染病，致死率100%，临床表现为恐水怕风、咽肌痉挛、进行性瘫痪等，最终发生呼吸麻痹和循环衰竭而死亡，又名恐水症（图3-23-1）。

图3-23-1　狗咬伤

（一）狗咬伤预防

狂犬病是一种可预防但不可治疗的疾病，从预防的角度来看，控制传染源和保护易感人群是主要的预防措施。

（1）加强对防治狗咬伤的健康宣教，提高人们对狂犬病的认知。

（2）增强自我保护意识，重视对狗咬伤意外事件的警惕性，家长要重视对子女预防狗咬伤的工作。

（3）避免发生狗咬伤的危险行为，如拍打狗的头部、激惹狗的行为。

（4）加强狗的管理，尽可能要求养犬人予以圈养和拴养，减少与人的接触。

（5）定期给狗注射疫苗，对许可登记的和许可饲养的犬等实施狂犬病疫苗的免疫接种，提高狗的免疫力，减少动物间的传播，降低病毒传染率。

（6）不去主动接近陌生的狗。

（7）不去随意收留流浪狗。

（8）尽量不要长时间与狗狗对视。

（9）出门遛狗的时候尽量将狗牵好，不与人发生冲突。

（10）不去激惹正在生小狗的母狗，这时的狗烦躁易怒，攻击性很强。

（11）当被狗追的时候，要保持冷静，放缓脚步，慢慢地从奔跑变为走路，再静止，尽量不与狗狗对视，同时保持狗在视野范围内。

（12）巧用道具，若追过来的狗有主人在旁边时，召唤狗狗的主人来牵制它，若没有，则利用身边的道具，如帽子、水杯、护腕扔出去，分散狗的注意力。

（13）也可以选择在奔跑的时候，突然深蹲，让狗狗以为你要展开进攻，有些狗狗会因为害怕而逃跑。

（二）狗咬伤患者的暴露程度分级与应急处理原则

根据《狂犬病暴露预防处置工作规范（2009 年版）》为标准，对狗咬伤患者按照接触方式和暴露程度将狂犬病暴露分为 3 级。

Ⅰ级：接触或者喂养动物，或者完好的皮肤被舔；

Ⅱ级：裸露的皮肤被轻咬，或者无出血的轻微擦伤，这时应当立即处理伤口并接种狂犬病疫苗。确认为Ⅱ级暴露者且免疫功能低下的，或者Ⅱ级暴露位于头面部且致伤动物不能确定健康时，按照Ⅲ级暴露处置。

Ⅲ级：单处或者多处贯穿性皮肤咬伤或者抓伤，或者破损处皮肤被舔，或者开放性伤口、黏膜被污染。这时应当立即处理伤口，注射狂犬病血清、狂犬病免疫球蛋白，并接种狂犬病疫苗。

（三）狗咬伤的应急处理（图 3-23-2）

（1）立即挤压伤口，将血挤压出来，防止带有毒液的污血进入血液循环，清理伤口碎烂组织。

（2）迅速用最快的速度用清水或20%肥皂水交替反复冲洗伤口，至少15 min，将沾染在伤口上的犬涎冲洗掉，若伤口比较深，可使用注射器深入伤口深部进行灌注清洗，做到全面冲洗。

（3）用碘酊或酒精消毒伤口。

（4）尽早去医疗机构注射狂犬疫苗及其他处理。注射狂犬疫苗注意事项如下。

① 狂犬病为致死性疾病，疫苗注射无禁忌证。

② 注射疫苗后可能有轻微局部及全身反应，可自行缓解，偶有皮疹，若有神经性水肿、荨麻疹等严重副反应时，需做对症支持治疗。

③ 注射疫苗期间，忌烟酒、可乐、浓茶等刺激性食物，避免做剧烈运动。

1. 就近迅速清洗伤口
人被狗或猫咬伤后，不论猫狗是否得病，必须尽快就近进行伤口清洗。

2. 充分消毒被咬伤口
用无菌脱脂棉将伤口处残留液吸尽，避免在伤口处残留肥皂水或清洁剂，用碘酊反复消毒伤口。

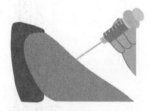
3. 接种正规疫苗
狂犬病疫苗一共要接种五次，需要在第0、3、7、14及28d各于肌肉接种一次。

图 3-23-2 狗咬伤急救处理

第二十四节 虫 咬 伤

虫咬伤是指昆虫通过寄生人体、注射毒液等不同致病方式造成对人体的损害，昆虫所含毒液各不相同，致病方式也不同，对人体损害的程度及临床表现也差异很大，轻者可仅表现为红斑、丘疹或风团，伴瘙痒、烧灼及疼痛感，重者可出现皮肤广泛损伤或坏死，关节痛等，甚至引起全身中毒症状，导致过敏性休克而死亡。

（一）虫咬伤的机制及一般表现

常见的昆虫致病方式有五种，① 将毒汁或血液注入人体，如蚊、跳蚤；② 利用毒刺伤人，如蚁、蜈蚣、蜂等；③ 以虫体表面的毒毛或刺毛引起皮炎，如松毛虫、桑毛虫；④ 释放虫体内的毒素或虫体击碎后引起皮炎，如隐翅虫；⑤ 寄生于人体，引起皮肤的变态反应，如疥螨、蜱虫。

1. 将毒汁注入人体而致病的蚊虫

蚊子是一种具有刺吸式口器的纤小飞虫。雌性以血液作为食物，而雄性则吸食植物的汁液为食物。吸血的雌蚊常常是登革热、疟疾、黄热病等其他病原体的中间寄主（图 3-24-1）。

图 3-24-1　蚊虫咬伤

2. 利用毒刺伤人的蝎子

蝎子主要分布在热带和亚热带，种类颇繁多且毒性大小不一。我国东方毒蝎毒力相当于眼镜蛇毒，可致命，蝎子尾巴上有一个尖锐的钩，钩与一对毒腺相通，蜇人时，通过尾钩的刺将毒液注入伤口。

3. 利用毒毛引起皮炎的桑毛虫

桑毛虫的毒毛内含淡黄色弱碱性有毒液体，毒液主要有组胺、酶等成分。

4. 释放虫体内的毒素引起皮炎的隐翅虫

隐翅虫又称为"影子虫""青腰虫"，其鞘翅极短，因后翅藏匿于前翅之下不能看到而得名。隐翅虫含有的毒性刺激物是"隐翅虫素"，当人们接触到隐翅虫的体液时，就会发生隐翅虫皮肤炎，即接触 10～15 s 就开始反应，有剧烈灼痛感，使皮肤起泡及溃烂，但并不会致命。

5. 寄生人体而致病的疥螨

疥螨是一种肉眼看不到的微小虫子，形似圆形或椭圆形，背面隆起呈乳白色，寄生在人体或哺乳动物的皮肤表皮角质层间，寄生在人身上则成为人疥螨，以宿主皮肤的角质组织为食，是一类永久性的寄生虫，可引起疥螨病，是一种以疥螨引起的具有传染性的一类皮肤病，以往发生过三次世界大流行，以剧烈瘙痒、结痂、脱毛和皮肤增厚为主要表现。疥螨经常寄生在生殖器、肘窝、腋窝、脐周、腹股沟等皮肤嫩薄皱褶的地方。儿童全身均可被侵犯。疥螨的皮肤致病作用主要是通过在皮肤挖隧道引起皮损所致，留下的分泌物、代谢产物以及死虫体常常刺激机体引起过敏性炎症反应。

（二）虫咬伤的常见预防和处理措施

（1）加强卫生知识宣传教育，普及寄生虫传染病的防治知识，普及预防虫咬伤的重要性及相关处理措施，加深巩固人们对虫咬伤相关事件的理解。

（2）蚊虫喜欢潮湿、脏乱的环境，喜欢体温较高，汗腺发达的人，要注重环境卫生、讲究个人卫生，勤打扫，爱护公共环境卫生，保持肌肤清洁，适当进行饮食调理，多食富含维生素的素菜，如绿色蔬菜、水果，减少汗液酸性浓度，在皮肤裸露处可擦涂清凉油、花露水，或点蚊香，预防蚊虫叮咬。

（3）改善居住条件，避免与传染源直接接触，不接触患者或潜在感染者用过的衣、被、毛巾等，勤消毒，定期将衣物、床被更换清洗，或将患者用过的棉织物进行蒸煮、消毒，太阳下暴晒。

（4）加强寄生虫流行病学监测，早筛查、早发现和早治疗。

（5）加大对酒店、旅馆、浴池、火车、长途大巴、飞机等服务性行业的管理和监督的力度。

（6）不要在室内随意堆放废旧物品，要及时清理，保持室内清洁、整齐，让昆虫无隐藏之地，在家中安装纱窗门，防止昆虫进入室内。

（7）大部分昆虫都有趋光性，晚上要及早熄灯睡觉，若家中发现有昆虫，必要时擦涂花露水或喷洒气雾杀虫剂。

（8）在野外工作或草地上活动的人，最好穿长衣长袖，尽量避免与昆虫接触，减少被昆虫螫伤的机会（图3-24-2）。

（9）因隐翅虫含有隐翅虫毒素，毒力强，能引起人或哺乳动物的皮肤坏死和变性，当看到有隐翅虫爬上人体表面皮肤时，不要像对待蚊虫一样将它拍死，只要轻轻将虫吹走，以免毒液溅落在皮肤上，引起更大的皮肤损伤。

（10）在接触虫体的部位应尽早用肥皂水洗涤或涂以碱性溶液中和毒液，忌用强碱性溶液。如炉甘石洗剂、1：8 000的高锰酸钾溶液或5%的碳酸氢钠溶液或10%的氨水溶液湿敷患处。如果出现水疱，则用生理盐水棉签刺破，将脓液清洗掉，消毒后可涂抹林可霉素利多卡因凝胶，病情加重，

蜱虫形状呈椭圆，表面呈红褐色或灰褐色，从芝麻粒到米粒大小不等。蜱常附着在人体的头发、腰部、腋窝、腹股沟及脚踝下方等部位。

预防

● 应当尽量避免在蜱类主要栖息地如草地、树林等环境中长时间坐卧。

如需进入此类地区，应穿长袖衣服。

扎紧裤腿或把裤腿塞进袜子或鞋子里。

穿浅色衣服便于查找有无蜱附着。

针织衣物表面应当尽量光滑，这样蜱不易粘附。

不要穿凉鞋

裸露的皮肤涂抹驱避剂，帐篷等露营装备用杀虫剂浸泡或喷洒。

图3-24-2 蜱虫咬伤

有全身症状时，则立马送医院。

（11）被蝎子、蜜蜂等咬伤后，要立即拔掉毒刺，盐水冲洗，弱碱中和，绷带缠绕伤口，夹板固定，立即就医。

第二十五节　迷　　失

迷失的概念是指弄不清（方向），走错（道路）。其实迷失还有许多方面的概念，如人生的迷失、信仰的迷失及机遇的迷失等。本文仅述及道路和方向的迷失。青少年时期是个体生理、心理发育极不完善，社会适应能力尚未形成。这种情况下如故意出走、引诱外出或结伴外出时单独行动则容易出现迷失（图3-25-1）。

图 3-25-1　迷失

（一）确定方向

1. 利用北斗星辨别方向

在北半球星空背景上，北极星距离北天极不足1°，故在夜间找到了北极星就基本上找到了正北方。北斗七星是大熊星座的主体。其形状像一只勺子，我国民间又称"勺星"。北斗星在不同的季节和夜晚不同的时间，出现于天空不同的方位，所以古人就根据初昏时斗柄所指的方向来决定季节：斗柄指东，天下皆春；斗柄指南，天下皆夏；斗柄指西，天下皆秋；斗柄指北，天下皆冬。

2. 还可以根据以下几种方法来辨别方向

（1）用植物的生长规律，来判断方向。由于植物的向光性，每一株树木枝繁叶茂的一面是指向南边的。在林区，如果有砍伐过树木的树桩，年轮宽厚的一面是向南边的。

（2）假如在北方的冬季，可以用积雪融化的程度来辨别方向。一般是向阳的一面（南边）冰雪最先消融，阴面（北边）的冰雪厚实。

（3）用河流的方向，辨别所处的位置和方向。因为每一条河流，在一定的地域内，它的流向是固定不变的。所以，根据河流的走向就可以很快判断出深处位置的东南西北来。

（4）万一在山林中迷失了方向，谨记水往低处流的原理。一般情况下，河流的下游会有人居住。所以，顺流而下逃生的机会会更多一些。相反，逆流而上就会加大更多的风险。

3. 最原始最实用的方法是在户外找到北方

【影子法】

（1）在地面上垂直立一根树枝并观察其影子。基本上任何稳固的物体都可以用，但物体越高，影子的移动就越明显；物体顶端越尖，测量结果就越精确。确保影子投射区域平整光滑。

（2）用小石块等物体标记影子的顶端，或者在地上刻下明显的痕迹。尽量把标记做小点，便于精确定位，但也要确保之后能识别出来。

（3）等待 10～15 min。影子顶端会从西向东呈弧线移动。

（4）用小物体或者划痕标记出移动后影子的新顶端。两点之间会有一小段距离。

（5）在两点之间画一条直线。这条线大致上呈东西方向。

（6）左脚置于第一个标记上（西方），右脚放在另一个标记上（东方）。不论在世界上哪个地点，现在所面向的就是正北方向。

【精确影子法】

（1）将树枝垂直立于地面，标注影子顶端。使用该方法，需要在上午进行第一次标注，至少要在正午前一个小时。

（2）找一段绳子或者其他物体，务必确保与影子长度一致。

（3）每隔 10～20 min 持续为影子做测量。正午前，影子会收缩；午后，则会延长。

（4）随着影子的增长测量其长度。使用与第一次测量时影子长度一致的绳子或者工具，当影子长度完全与其一致时，标记位置。

（5）将两处标记用直线连起来。这便是一条东西方向的线，如果你的左脚在第一个标记上，右脚在第二个标记上，那么面向的就是正北方向。

【手表法（北半球）】（图 3-25-2）

（1）需要一块准确的指针式手表（有时针和分针）。将它放置在一处平面上，或者水平握于手中。

（2）时针对准太阳。

（3）确定时针和 12 点位置之间夹角的中心线。这条中心线呈南北方向。如果你不知道哪头是南哪头是北，只要记得无论你在哪里，太阳都是东升西落。需要注意的是，在北半球太阳正午时位于正南。

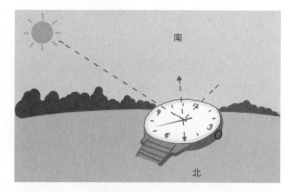

图 3-25-2　手表法

平时有空的时候对介绍的方法加以练习，以备在危急时刻能够熟练使用。数字显示的手表（电子表）其实也可以，首先确定 12/3/6/9 这几个点，然后根据它们确定其他时间点。使用影子法时，等待的时间越长，影子移动距离越远，结果会更加精确。不建议低纬度区域使用手表法，尤其是纬度低于 20° 的地方。不建议极地区域使用影子法，也就是纬度高于 60° 的地方。

（二）荒野迷失的应急方法

（1）在户外活动中每离开一地必须向友人（他人）告之去向，同时必须约定好联络方式和联络时间。在出发前必须利用指南针等物品准确的测定好出发地的方位并将数据记录下来，以便迷途中确定方位。在途中需要改变线路时，应及时利用一些物体做好标志，以便搜救人员辨明。例如可利用削去树杈和树叶的树枝指示路线，在途中的大树树干或岩石上刻画出箭头指示方向，还可拾取多个小石子在岔路口摆出箭头指示方向。

（2）前往陌生地段前，必须记得携带小型强光手电和救生哨，最好带上一块红绸布和记号笔，可在需要时撕成长条写上姓名和前往地域等简短讯息，绑缚在路途中的转折点处，例如树枝或石块上，方便搜救者辨别。

（3）白天可多收集潮湿的残枝败叶和杂草，点燃后借助燃烧产生的大量烟尘向外界示警。夜晚可利用强光手电向天空和附近山顶（或者比较醒目的各方位都能够看见的巨石、独立大树等标志性物体）进行一定规律的晃动照射，敲击所携带的一切可发出清脆响声的物品向外界报警。在山体上还可采取不断向山下推落大石头的方法，利用石头滚落产生的动静和声响向外界示警，点燃篝火用于取暖，还可驱赶蚊虫和兽类。

（4）在人迹罕至的陌生地段，一旦迷失方位，在无法判明道路的情况下，千万不要盲目地自寻出路。此时应当原地等待救援，保持清醒的头脑，利用地形地貌和一切可利用物件搭建简单的庇护场所（尽量选择朝阳处），以便应付恶劣天气，在此过程中不要进行大运动量的操作，避免大量出汗，防止感冒的同时保持体能。

（5）做好防寒保暖，防止失温的危险。无防寒衣物时，折取尽可能多的长势茂密的阔叶类树木的枝叶，将身体四周覆盖起来，如果在阔叶枝叶上覆盖一层针叶枝条防雨效果会更好一些。根据周围环境，找到朝阳处挖一睡袋大小的地坑，最好铺上一些石板

（有利于蓄热），再将收集到的枝叶杂草放入地坑燃烧，然后再将草木灰清除，此地坑可供晚间睡眠用。如果你出行时带有救生毯，那是再好不过了。

（6）寻找水源，合理分配所携带的食物。必要时可采集自己能够辨别的野生植物，一定要煮熟后再食用，也别一次性食用太多，以免产生过敏反应。尽可能地捕捉昆虫鱼类和猎杀小动物食用（剩余肉可用松枝点燃熏烤，此法保存时间长，不易腐烂），补充能量。

（7）贸然行动是户外活动之大敌，在户外环境中脱离群体单独行动更是纯粹的自杀行为。一旦出现确认不了方位而迷失路途的情况，大家就应当保持头脑冷静，调整好自己的心态，迅速地观察和了解所处环境的地形地貌、植被生长等状况，并最大限度地利用好周围到的环境特征，尽可能地改善好生存条件。等待救援，这将是你最明智的选择！

第二十六节　电　梯　伤

电梯给生活在城市的人们生活带来了不少方便，但电梯事故的发生也随之而来。近年来，各类电梯事故的报道时有出现，给人们敲响了安全警钟。

（一）电梯事故原因

从近几年电梯发生故障造成事故的统计分析来看，其主要原因在于维护保养、日常安全管理、使用等环节。

1. 电梯日常维护保养不到位

电梯日常维护保养单位未能切实履行维护保养职责，如不按规定的频次和质量要求维保、部件润滑不足、异物卡阻、零部件松动疲劳损坏后得不到及时更换调整、保护功能失效后得不到有效处理等；还有些维保单位低价争保揽保，不按规定配备足够数量的维保人员，以修代保。

2. 日常安全管理不到位

电梯使用单位对电梯日常安全管理重视程度不足，安全管理制度不健全、电梯安全管理人员配备不足，日常安全检查管理流于形式，对电梯存在的异常情况不能及时发现、及时处理。

3. 乘客不规范使用电梯

如电梯超载，有的乘客乱敲乱撞层门、轿厢和操作按钮等零部件，有的用电梯运送水泥砂浆等货物而没有任何防护措施，这些错误的使用方式容易造成电梯安全保护系统损坏。另外，乘坐自动扶梯时，人多拥挤，不抓扶手等。

（二）电梯安全事故种类

电梯事故时，除了人员被困的情况外，还常有人身安全事故发生，轿厢电梯以坠伤、剪切伤、挤压伤、撞击伤等多见，扶梯以滚落受伤、剪切伤、踩踏伤等多见。

1. 坠落或滚落

如因层门未关闭或从外面能将层门打开，轿厢又不在该楼层，造成受害人失足从层门处坠入井道或乘坐扶梯时失足。

2. 剪切

如当乘客陷入或踏出轿门的瞬间，轿箱突然起动，使受害人在轿门与层门之间的上、下门槛处被剪切。

3. 挤压

常见的挤压事故，一是受害人被挤压在轿厢围板与井道壁之间；二是受害人被挤压在底坑的缓冲器上，或是人的肢体部分（比如手）被挤压在转动的轮槽中。

4. 撞击

常发生在轿厢冲顶或蹾底时，使受害人的身体撞击到建筑物或电梯部件上。

5. 触电

受害人的身体接触到控制柜的带电部分或施工操作中，人体触及设备的带电部分及漏电设备的金属外壳。

6. 踩踏

电动扶梯人员比较拥挤时，一旦出现事故，就有可能造成踩踏。

（三）电梯事故的预防与应急

要防止电梯安全事故出现，除了电梯的维护保养和日常安全管理等制度的落实外，人们乘坐电梯时的自我安全防护意识也非常重要。

1. 乘坐轿厢电梯

如准备乘坐电梯的时候，一定要在电梯运行良好的情况下乘坐，如果已经听说电梯出现问题了，那么一定不要乘坐有故障的电梯，切记不能强行开启电梯内门、外门。在等电梯和乘坐电梯的过程中，一定不要一直低头玩手机，这样会分散我们的注意力，等电梯门开的时候，一定要看清楚情况再进入电梯，千万不要着急地往里冲，一定要看清楚里面的情况再进入电梯。如电梯超载报警切勿强行挤入。在乘坐电梯的过程中，万一发生什么事故，一定不要慌张，第一时间拨打电梯里的应急电话，把发生地事故情况对抢修人员简单地进行说明等待救援。

2. 乘坐扶梯

走上扶梯时应该身体稍微前倾，不要慌乱；穿长裙子的女生们一定注意把裙摆收拢，否则可能会卡入缝隙间；走下扶梯也一样要前倾，并及时松手。如果发生意外，如有人跌倒、手脚被夹、身体被卷入等，应立即按"急停"按钮（长按即可，直到扶梯停止）。在寻找按钮时不要慌张，先跑到扶梯两头，然后找到它。扶梯停止后，观察受伤情况，然后根据需要拨打120、119等，同时也可以拨打电话通知电梯维保单位就近救援。

（四）电梯事故自救

在电梯内遇到紧急情况被困时，一定要冷静，按下电梯标盘上的警铃报警或用电梯内电话及手机告知物业及家庭成员，等待救援人员的到来。如行人经过，大声呼救，同时敲打电梯门，让路过的人员知道电梯内有人。若无人应答，要耐心等待，不要慌张失措，保持体力。若电梯顶上有出口，也不要轻易从上面往外爬。因为当你在向外爬时，很可能会不小心碰到电梯的某个机关，出口板突然关上，电梯突然开动令人失去平衡，在电梯顶上的人，则可能会失足坠落而死。如果电梯急剧下坠，可以采取以下保护和自救措施（图3-26-1）。

电梯下坠时自我保护的最佳动作

1.不论有几层楼，迅速把每层楼的按键都按下。

2.整个背部和头部紧贴电梯内墙，用电梯墙壁保护脊椎。

3.如果电梯内有扶手，最好握紧，防止重心不稳摔伤。

4.如果电梯内没有扶手，用手抱颈，避免脖子受伤。

5.膝盖呈弯曲姿势，以承受下坠压力。

6.脚尖点地、脚跟提起，以减缓冲力。

电梯突停怎么办？

 可以利用电梯内的电话、警铃或随身带的手机求救。

可拍门叫喊或脱下鞋子敲打求助，观察动静，保持体力等待营救。切忌频繁踢门拍门。

切勿强行扒门或采取过激行为。

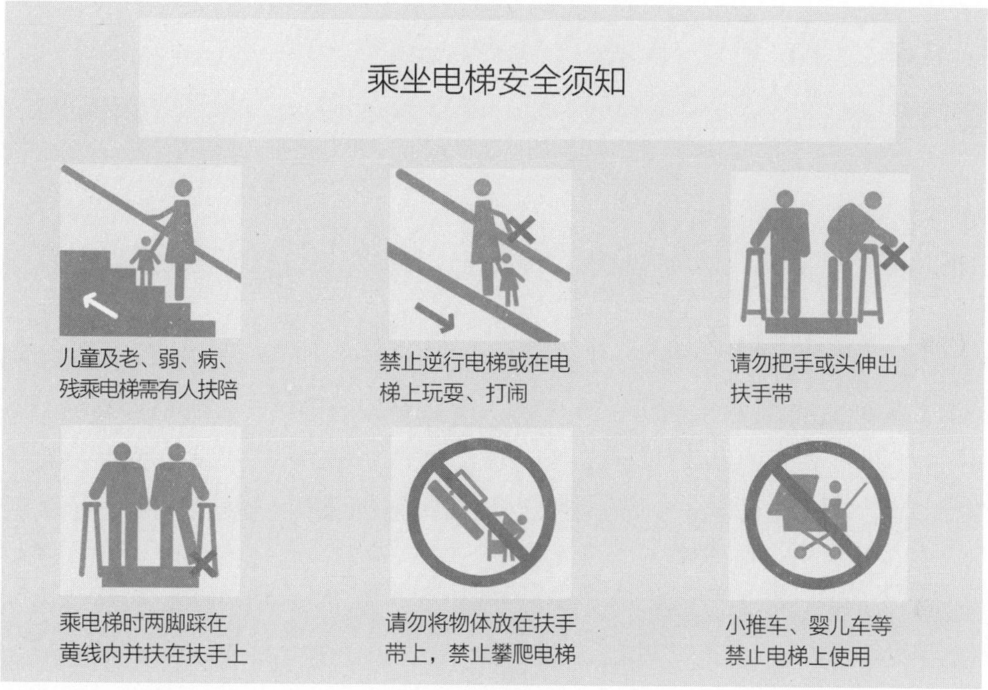

图 3-26-1 电梯事故自救及安全须知

（1）无论有几层楼，迅速把每层楼的按钮全部按下，当紧急电源启动时，电梯可以马上停止继续下坠。

（2）在电梯急速下降过程中，保持人的整个背部和头部紧贴电梯内墙，呈一直线，运用电梯墙壁作为脊柱的保护。膝盖呈弯曲姿势，韧带是人体最有弹性的一个组织，所以借助膝盖弯曲来承受重力压力，脚尖点地，脚跟提起，以减缓冲力。

（3）如果电梯有扶手，最好紧紧握住，可以固定位置，防止摔伤。如果没有扶手，用双手抱住颈部，避免颈部受伤。

第四章　青少年常见卫生应急

卫生应急是指在突发公共卫生事件发生前或出现后，采取相应的监测、预测、预警、储备等应急准备，以及现场处置等措施，及时对产生突发公共卫生事件的可能因素进行预防和对已出现的突发公共卫生事件进行控制；同时，对其他突发公共事件实施紧急的医疗卫生救援，以减少其对社会政治、经济、人民群众生命安全的危害。上述概念是国家层面的卫生应急，是一个大范畴的应急概念。而本书只涉及青少年卫生应急，主要是对青少年常见的一些疾患临床表现、预防与应急等进行简要叙述，以促进青少年常见卫生应急知识的普及。

第一节　心　　悸

心悸是一种患者自觉心脏的跳动不适感或心慌感，是由各种生理性或病理性的原因引起心脏收缩增强、心率增快或心律不规则所导致。剧烈活动或情绪激动后出现的心悸属生理现象，其他情况下出现的心悸均为病理现象。心悸可以短暂存在，也可以持续存在（图 4-1-1）。

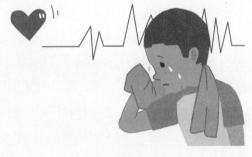

图 4-1-1　心悸

（一）临床表现

心悸发作的基本特点是自觉心慌不安，心跳剧烈，不能自主，或一过性、阵发性，或持续时间较长，或一日数次发作，或数日发作一次，有时可伴有胸闷气短、疲劳乏力、头晕、气促，甚至不能平躺或者晕厥等情况。

（二）预防

青少年出现心悸的原因，多为心理因素，少数因疾病所致。预防青少年心悸的方法主要有：保持心情舒畅，情绪稳定，避免惊恐刺激；适度锻炼身体，增强体质；生活作息有规律，饮食有节，宜进食营养丰富且易消化吸收的食物，宜低脂、低盐饮食，忌烟酒、浓茶；轻症可从事适度体力活动，以不觉劳累、不加重症状为度，避免剧烈运动。

（三）应急处理

青少年一旦出现心悸发作，可以尝试做深呼吸，缓解紧张情绪，同时保持呼吸顺畅，松开衣领、皮带等放松身体；平时应注意加强营养摄入和适当锻炼，生活有规律，劳逸结合，不吸烟，不饮酒，不喝浓茶、咖啡等刺激性的饮料，经过一段时间的调节，心悸症状一般可以减轻或者消失。如果症状一直不能缓解，并且反复出现活动后心悸，建议到医院或体检中心做一次心脏、甲状腺、血液方面的检查，找到病源，听从医师的建议，适当地服用相关药物。

第二节 疼 痛

现代医学所谓的疼痛（pain），是一种复杂的生理心理活动，是临床上最常见的症状之一。它包括伤害性刺激作用机体所引起的痛感觉，以及机体对伤害性刺激的痛反应（躯体运动性反应和/或内脏自主性反应，常伴随有强烈的情绪色彩）。其实疼痛就是一种令人不快的感觉和情绪上的感受，伴有实质上的或潜在的组织损伤，它是一种主观感受。

【疼痛的性质】

疼痛的性质有时极难描述，人们通常可以指出疼痛的部位和程度，但要准确说明其性质则较为困难。人们通常是用比拟的方法来描述，如诉说刺痛、灼痛、跳痛、钝痛或绞痛。疼痛可以引起逃避、诉痛、啼哭、叫喊等躯体行为，也可伴有血压升高、心跳加快和瞳孔扩大等生理反应，但这些均非为疼痛所特有。疼痛作为感觉活动，可用测痛计进行测量。身体可认知的最低疼痛体验称为痛阈，其数值因年龄、性别、职业及测定部位而异。疼痛作为主观感受，没有任何一种神经生理学或神经化学的变化，可以视为判断疼痛特别是慢性痛的有无或强弱的特异指征。疼痛的诊断在很大程度上依靠患者的主诉。

【分类】

根据发展现状疼痛分为以下类别。

1. 急性疼痛 软组织及关节急性损伤疼痛，手术后疼痛，产科疼痛，急性带状疱疹疼痛，痛风等。

2. 慢性疼痛　软组织及关节劳损性或退变疼痛，椎间盘源性疼痛，神经源性疼痛等；

3. 顽固性疼痛　三叉神经痛，疱疹后遗神经痛，椎间盘突出症，顽固性头痛等；

4. 癌性疼痛　晚期肿瘤痛，肿瘤转移痛等；

5. 特殊疼痛类　血栓性脉管炎，顽固性心绞痛，特发性胸腹痛等；

6. 相关学科疾病　早期视网膜血管栓塞，突发性耳聋，血管痉挛性疾病等。

【疼痛程度分级】

1. 世界卫生组织（WTO）将疼痛程度划分为 5 度。

0 度：不痛；

Ⅰ度：轻度痛，为间歇痛，可不用药；

Ⅱ度：中度痛，为持续痛，影响休息，需用止痛药；

Ⅲ度：重度痛，为持续痛，不用药不能缓解疼痛；

Ⅳ度：严重痛，为持续剧痛伴血压、脉搏等变化。

2. 数字分级法（NRS）（图 4-2-1）

0 级：无痛。

1 级：轻微痛。如蚊虫叮咬，以及在输液时护士扎针。

2 级：稍痛。如慢性肝炎患者，肝区隐痛，以及情人间友好的打骂。

3 级：微阵痛。如打脊柱麻醉针的痛，或者进行肌注的痛。

4 级：明显痛。如被人打耳光，或者被热水烫了一下引发Ⅰ度烫伤。此等级以上影响睡眠。

5 级：持续痛。如吃坏了东西导致的肠胃炎，或是一头撞在门框上，此等级患者可能小声呻吟。

6 级：很痛。如被人用棒球棍殴打导致严重瘀血，或者从两米高处跌落导致骨折的情况，此等级患者可能会大声叫喊。

7 级：非常痛。如产妇分娩比较顺利的情况，颈肩腰腿痛，以及Ⅱ度烧伤或者大面积流血性外伤。此等级患者将会无法入睡。

8 级：剧痛。如满清十大酷刑，或者手指被切断等会导致残疾的情况。此等级患者心跳、血压将会大幅上升，并采取被动体位。

9 级：爆痛。如三叉神经痛，或者阑尾炎痛，癌痛。可导致一过性昏厥。

10 级：严重疼痛。如在没有打麻药的情况下进行剖宫产等外科手术，可导致休克。

以上对疼痛的定义、性质、分级等进行整体的介绍，下面分别对青少年常见的疼痛进一步的叙述。

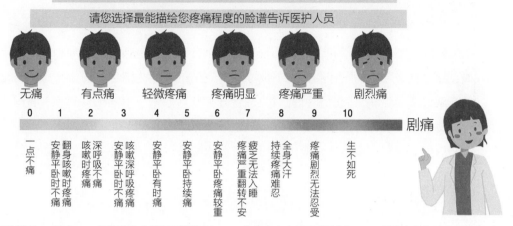

面部表情测量图：
　　图示6个不同疼痛程度的面孔，请您从中选择一个面孔来代表自己的疼痛感受。

请您选择最能描绘您疼痛程度的脸谱告诉医护人员

无痛	有点痛	轻微疼痛	疼痛明显	疼痛严重	剧烈痛

0　1　2　3　4　5　6　7　8　9　10　　剧痛

一点不痛　安静平卧时不痛　翻身咳嗽时疼痛　咳嗽时疼痛　深呼吸时疼痛　安静平卧时不痛　咳嗽深呼吸时疼痛　安静平卧时不痛　安静平卧有时痛　安静平卧持续痛　安静平卧疼痛较重　疲乏无法入睡疼痛严重翻转不安　全身大汗持续疼痛难忍　疼痛剧烈无法忍受　生不如死

NRS评估法　0无痛　1～3轻微疼痛（睡眠不受影响）　4～6中度疼痛（睡眠受影响）　7～10重度疼痛（严重影响睡眠）

4-2-1　疼痛强度的评估

一、头痛

　　头痛是一种主观症状，可以由很多疾病引起。青少年头痛在临床上涉及内科、外科、耳鼻咽喉科、眼科、骨科等多个专科（图 4-2-2）。

图 4-2-2　头痛

（一）分类及原因

　　青少年头痛，与成人头痛一样，分为原发性及继发性。原发性头痛的病因未完全明确，其分类主要依靠其临床表现，最常见的原发性头痛为紧张型头痛、偏头痛和丛集性头痛。继发性头痛则归因于某个疾病，例如药物过度使用、巨细胞动脉炎、颅高压或感染等，可以是器质性病变引起，也可以是非器质性病变引起。青少年头痛常见的类型包括鼻源性（鼻炎、鼻窦炎等）头痛、精神神经性头痛、眼源性头痛和混合性头痛，即有 2 种或 2 种以上病因所致头痛。

（二）临床表现

　　头痛的临床表现多样，根据发病快慢，有急性、亚急性和慢性之分；根据病程特点有的反复发作，有的为持续性发作，有的为进展性；根据头痛部位有前额头痛、后头痛、侧头痛、头顶痛；根据头痛性质可能为搏动性、针刺样或牵扯性，甚至钝痛、胀痛，部分可能存在恶心呕吐、眩晕、视物模糊或减退、心悸、失眠等伴随症状。

（三）应急处理

头痛处理包括药物治疗和非药物物理治疗两部分。原则包括对症处理和原发病治疗两方面。原发性头痛急性发作和病因不能立即纠正的继发性头痛可给予止痛等对症治疗以终止或减轻头痛症状，同时亦可针对头痛伴随症状如眩晕、呕吐予以镇静、止呕等对症治疗。对于病因明确的继发性头痛应尽早去除病因，如鼻病引起的积极治疗鼻炎、鼻窦炎；颅内感染应抗感染治疗，颅内高压者宜脱水降颅压，颅内肿瘤需手术切除等。

（四）预防

头痛的预防应是减少可能引发头痛的一切病因。青少年学习压力大，睡眠质量不好，饮食没营养都有可能导致头疼，因此应调整作息时间，多吃些有营养的东西，避免摄入刺激性食物、避免情绪波动，适当的时候多锻炼身体，促进血液循环；另避免头颈部的软组织损伤、感染等。

二、胸痛

胸痛是指颈部以下与胸廓下缘之间的疼痛，超过40%的人有过胸痛的经历。胸痛是青少年较为常见的症状之一。引起胸痛的原因很多，如炎症、肌肉缺氧、机械压迫、异物刺激、化学刺激、外伤等因素刺激肋间神经感觉纤维，由脊髓后根传入纤维，支配气管、支气管及食管的迷走神经中感觉纤维或膈神经的感觉纤维等均可引起胸痛。青少年胸痛与成人不一样，常常由良性原因引起，严重的全身疾病或心肺疾病所致较为少见（图4-2-3）。

（一）病因和分类

有关青少年胸痛的分类方法尚无成熟标准，根据疼痛起源和病因分为六大类。

1. 特发性胸痛

存在胸前区疼痛的症状，经全面病史分析、仔细的体格检查和适当的实验室检查，仍无特定原因发现者，称为非器质性胸痛或特发性胸痛，这是青少年胸痛最常见原因。

2. 胸壁疾病

胸壁疾病所致胸痛，其部位为常固定在病变所在部位，疼痛可能在胸廓活动时（如

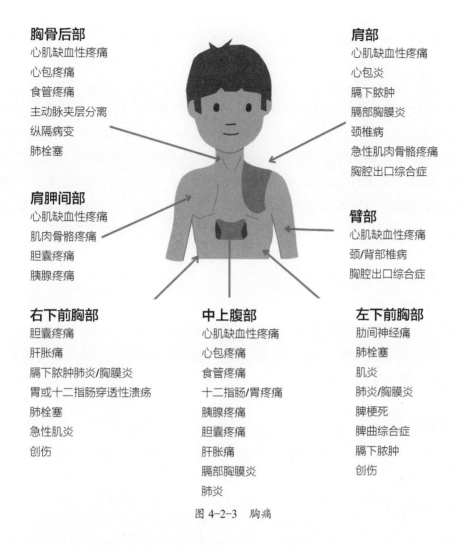

胸骨后部
心肌缺血性疼痛
心包疼痛
食管疼痛
主动脉夹层分离
纵隔病变
肺栓塞

肩部
心肌缺血性疼痛
心包炎
膈下脓肿
膈部胸膜炎
颈椎病
急性肌肉骨骼疼痛
胸腔出口综合症

肩胛间部
心肌缺血性疼痛
肌肉骨骼疼痛
胆囊疼痛
胰腺疼痛

臂部
心肌缺血性疼痛
颈/背部椎病
胸腔出口综合症

右下前胸部
胆囊疼痛
肝胀痛
膈下脓肿肺炎/胸膜炎
胃或十二指肠穿透性溃疡
肺栓塞
急性肌炎
创伤

中上腹部
心肌缺血性疼痛
心包疼痛
食管疼痛
十二指肠/胃疼痛
胰腺疼痛
胆囊疼痛
肝胀痛
膈部胸膜炎
肺炎

左下前胸部
肋间神经痛
肺栓塞
肌炎
肺炎/胸膜炎
脾梗死
脾曲综合症
膈下脓肿
创伤

图 4-2-3　胸痛

深吸气、咳嗽、举臂等）加剧。包括下述疾病：外伤、肌肉病变（如肌炎、流行性胸痛、旋毛虫病等）、骨骼及关节病（如剑突痛、骨髓炎、骨膜炎、骨结核、类风湿关节炎、骨肿瘤、急性白血病等）、皮肤及皮下组织病变（如急性皮炎、皮下蜂窝织炎、带状疱疹、硬皮病等）、神经系统病变（如肋间神经炎、神经根痛等）、男子女性型乳房。

3. 胸腔脏器疾病

（1）呼吸系统疾病　如支气管炎、肺炎、胸膜炎、脓胸、哮喘、肺癌等常引起胸痛。

（2）心血管系统疾病　如急性心包炎、心肌炎、心绞痛与心肌梗死、肺栓塞等。

（3）食管疾病　如食管炎、食管裂孔疝、食管憩室等。

（4）其他　纵隔炎、纵隔气肿等。

4. 来自颈、肩部组织的疾病　可伴有胸肌疼痛，颈肩部运动或触诊时疼痛重现或加重。

5. 来自腹部疾病　如膈下脓肿、肝脓肿、消化道溃疡、肝胆道疾病等。

6.其他 如过度换气综合征、胸廓出口综合征均可引起胸痛。

（二）临床表现

不同病因引起的胸痛，临床表现各异，包括疼痛部位、性质、持续时间、疼痛的诱因和伴随症状均不一样。如呼吸道疾病所致胸痛常伴咳嗽。过度换气综合征伴感觉异常。特发性胸痛常伴有头痛、腹痛等，无固定的临床特征，其疼痛性质可为锐痛，也可为钝痛，部位可为前胸壁，也可向喉部或左臂放射，持续时间和病程可长可短，典型者疼痛时间可持续数分钟以上，多次发作，病程多在半年以上，常不伴疲劳、气短、心悸或头晕，有自愈倾向，其病史多在一年内减轻或消失，精神因素为其诱因。

（三）预防

青少年胸痛病因繁杂，对于精神因素所致的胸痛，应重在预防，生活和学习中保持良好情绪，作息规律，避免刺激；对于不典型胸痛患者，需警惕功能性与器质性胸痛并存现象，尤其是对于肥胖、高血压、高脂血症、血管炎或者有心脏病家族史的青少年，应尽快就医，避免漏诊致命性胸痛。

（四）应急处理

（1）卧床休息，采取自由体位，如为胸膜炎所致者，朝患侧卧可减轻疼痛。

（2）局部热敷。

（3）口服止痛药物。

（4）若疑为心绞痛者，可舌下含服硝酸甘油或硝苯地平。

（5）经上述紧急处理后疼痛仍未缓解时，应速送医院急救。

三、腹痛

腹痛（abdominal pain）多由腹内组织或器官受到某种强烈刺激或损伤所致，也可由胸部疾病及全身性疾病所致。此外，腹痛又是一种主观感觉，腹痛的性质和强度不仅受病变情

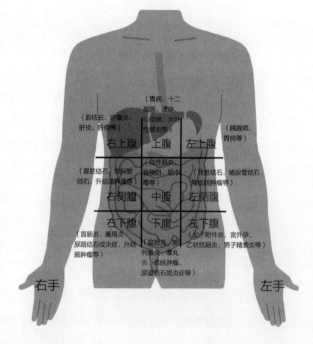

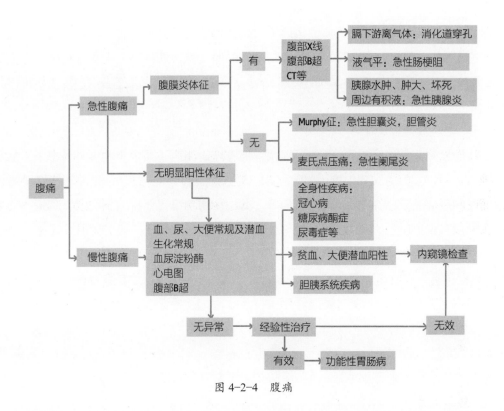

图 4-2-4 腹痛

况和刺激程度影响，而且受神经和心理等因素的影响。即患者对疼痛刺激的敏感性存在差异，相同病变的刺激在不同的患者或同一患者的不同时期引起的腹痛在性质、强度及持续时间上有所不同。腹痛是青少年常见的症状之一。根据起病急缓，可以分为急性腹痛和慢性腹痛（图 4-2-4）。

（一）急性腹痛

青少年急性腹痛，是指患者自觉腹部突发性疼痛，常由腹腔内或腹腔外器官所引起。前者腹痛由内脏神经传导，称为内脏性腹痛，常为阵发性并伴有恶心、呕吐及出汗等一系列相关症状；后者腹痛由躯体神经传导，称躯体性腹痛，常为持续性，多不伴有恶心、呕吐症状。起病急骤、病情危重、复杂善变、进展快是急性腹痛的主要临床特点。

1. 病因

青少年常见的急性腹痛病因包括：急性阑尾炎、急性肠胃炎、急性肠梗阻、胃肠急性穿孔及扭转、急性胆道感染、胆结石、胆道蛔虫症、急性胰腺炎、泌尿系结石、黄体破裂等。

2. 分类

（1）即刻致命性腹痛

是指在短时间内可能对患者构成生命威胁的腹痛，这类患者表面上是腹痛，但其实不是腹部疾病所引起，而是心血管疾病导致，故也称为心血管性腹痛，其代表性的疾病是严重的冠状动脉综合征，特别是其中的急性心肌梗死，此外还有主动脉夹层和严重的肺梗死等。这类腹痛的患者有可能突然发生心搏骤停（通常是心室颤动），进而可能导致猝死。

（2）延误致命性腹痛

这类腹痛虽然起病急骤，病情发展快，但在短时间内（通常为数小时）不至于危及患者生命，但是患者必须尽快到医院才能得到正确的诊断和治疗，诊断延误将会给患者带来严重危害。常见代表疾病为急腹症等。其中应特别警惕危重型急腹症，其主要代表疾病有急性出血坏死性胰腺炎、急性化脓性胆管炎、腹腔出血（腹腔肿瘤及腹主动脉瘤破裂、外伤性肝脾破裂等）、全小肠扭转等。此类患者起病急骤、来势凶猛、病情变化快、死亡率高，有时尚未明确诊断患者就已死亡。因此院前急救者应对这类急腹症格外重视，能够做到尽快识别，对可疑者尽快将其送医院，尽量避免时间的延误。

（3）一般性腹痛

是指除外上述两种情况的腹痛，其疾病在相当一段时间内基本上不会对患者构成生命威胁。因此患者是否去医院、是否叫救护车要看具体情况。

3. 应急处理

急性腹痛患者院前应急处理的主要措施有：① 卧床休息。患者取俯卧位可使腹痛缓解，也可用双手适当压迫腹部使腹痛缓解；② 禁食禁饮。不论何种原因引起的急性腹痛都不应吃东西喝水；③ 出现呕吐时，可将冰袋放置在上腹部，而不要强制止呕。注意观察呕吐物的颜色、数量、次数等；④ 应注意测试体温，看有无高热，并了解呼吸、脉搏、血压的情况，以便为医生诊治提供可靠的资料。

（二）慢性腹痛

慢性腹痛在青少年腹痛中更为常见，常常反复发作。

【常见疾病】

1. 功能性腹痛

功能性腹痛是较为常见，其疼痛部位多在脐区或腹上区近腹中线，性质为隐痛或钝痛，少数呈痉挛性疼痛，腹痛间歇期饮食、玩耍均正常，很少夜间痛醒，持续时间每次很少超过 1 小时，多数不经处理可自行缓解，发作次数频繁（大于 3 次 / 周），同时必须注意伴随症状、心理素质、家庭和社会环境。

2. 器质性疾病

青少年慢性腹痛除了常见的功能腹痛外，还包括其他器质性疾病引起的种类。

（1）胃肠道疾病　如慢性便秘、肠炎、寄生虫感染（例如阿米巴）、饮食不耐受（例如乳糖）、胃食管反流、幽门螺杆菌感染、乳糜泻、消化性溃疡、胃炎、肝炎、胆结石、慢性阑尾炎、慢性胰腺炎、功能性消化不良、肠易激综合征、腹型偏头痛、吞气症等。

（2）泌尿道疾病　包括泌尿道感染、尿结石、肾盂输尿管接合处受损。

（3）妇科疾病　包括卵巢囊肿、子宫内膜异位、盆腔炎。

（4）其他病因　包括腹性癫痫、情感和性虐待等。在许多发达国家，主要病因是慢性便秘和胃食管反流性疾病。

【处理】

青少年慢性腹痛的治疗关键在于寻找病因。

1. 由胃肠道疾病、泌尿系疾病、妇科疾病等器质性疾病所致的腹痛需要及早就医，针对病因进行干预。

2. 功能性腹痛的治疗，包括药物治疗、局部疗法、改善饮食、认知-行为疗法和联合疗法。同时需要与青少年和家长做好解释和保证工作，鼓励孩子正常活动，适时安排心理教育和辅导，定期随访。

第三节　高 血 压

近年来，流行病学调查研究表明高血压发病率呈年轻化趋势，越来越多的青少年也受到高血压的威胁。由于青少年高血压往往无明显症状，而且青少年对高血压缺乏认识和重视，故常常被忽视。

（一）病因及发病机制（图 4-3-1）

1. 家族史与遗传倾向　遗传因素在青少年高血压起病过程中起到重要作用。有研究表明大约 86% 原发性高血压的青少年患者有高血压阳性家族史。

2. 继发性高血压原因　对所有高血压青少年首先应该进行继发性高血压病因筛查，包括肾实质和肾血管性疾病、心血管疾病（主动脉缩窄）、内分泌性（肾上腺疾病）以及单基因遗传性高血压（Liddle 综合征等）。

3. 肥胖和超重　体重指数与血压之间存在显著相关性。肥胖作为高血压的重要危险因素，通过引起交感神经兴奋等途径，导致收缩压、舒张压均升高，而且同时导致高甘油三酯、低高密度脂蛋白、胆固醇、血糖等动脉粥样硬化性心血管疾病的危险因素聚

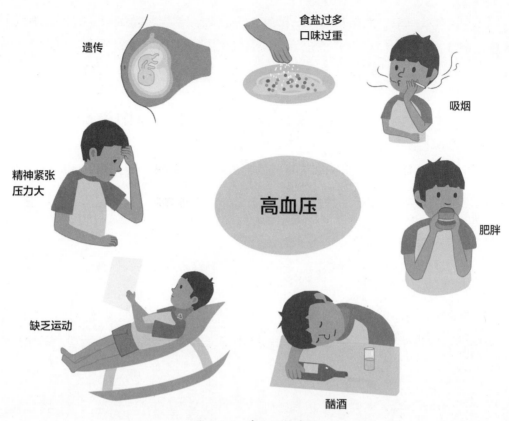

图 4-3-1　高血压的病因

集，从而加速高血压的进展。

4. 胰岛素抵抗　有研究发现青少年临界高血压者比血压正常者有更高的胰岛素水平和体重，而且有高血压家族史的青少年有更高的胰岛素水平和胰岛素抵抗发生率。因此，胰岛素抵抗是联系肥胖和高血压的代谢途径。

5. 高尿酸　青少年高血压与血清尿酸之间存在联系，但继发性高血压的血清尿酸水平并不高，说明尿酸可能是导致高血压的原因。

6. 不良生活方式　不良的饮食习惯和缺乏运动也可能是高血压的病因之一。

（二）临床表现

早期血压升高时，临床表现各异，有的起病很隐匿，平时没有症状，仅在过度疲劳或剧烈运动后出现头晕不适，容易漏诊。因此对青少年高血压的及时诊断和筛查非常重要。一旦出现靶器官损伤，如心、脑、肾、主动脉病变等靶器官的损害，患者可能出现相应的症状，如胸闷、气促、头晕、头痛、视物模糊、尿量减少、胸背痛等不适（图 4-3-2 ）。

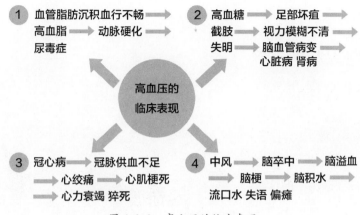

图 4-3-2 高血压的临床表现

（三）预防

预防青少年高血压，具体措施包括：加强体育锻炼、增强体质，低脂饮食，多吃蔬菜、水果，防止体重超重；消除各种不良情绪刺激，避免情绪过度激动，注意劳逸结合，防止过度紧张和疲劳；控制食盐摄入量，每天 3～5 g；定期测量血压，一般每学期检查一次，必要时测定血脂，出现异常时及时处理。

（四）处理

无症状的临界高血压或轻度原发性高血压的青少年，通过控制饮食、加强体育锻炼能有效改善超重或肥胖者的血压水平。同时，改善睡眠质量、适当增加水果和蔬菜摄入量，减少总脂肪量和饱和脂肪酸的摄入及限制糖类饮食，并限制钠盐摄入，从而达到控制血压的目的。

对于有症状或已出现靶器官损害的青少年高血压患者，应在专业医师的指导下给予积极的干预治疗，包括降压药物，药物选择主要以个体化为原则。

第四节 呕吐与腹泻

呕吐与腹泻是青少年临床上常见症状。呕吐是指用力地将胃内容物经食管、口腔而排出体外，从而起到保护作用。恶心常为呕吐的前驱症状与呕吐同时出现，但也可单独发生恶心，表现上腹部特殊不适感，常伴有头晕、流涎、脉缓、血压降低等迷走神经兴奋症状。腹泻指排便次数多于平时，每天排便 3 次以上，粪便量和性状发生变化，粪质稀薄，水分增加，每天排便量超过 200 g，或含未消化食物或脓血、黏液等。

（一）呕吐与腹泻的原因

胃肠道感染是呕吐与腹泻的最常见原因，一般为细菌感染，常常在食用了被大肠杆菌、沙门菌、志贺菌等细菌污染的食品，或饮用了被细菌污染的饮料后发生肠炎或菌痢，出现不同程度的腹痛、腹泻、呕吐、里急后重、发热等症状，严重者可致脱水、电解质紊乱、休克。青少年通过食物或其他途径感染多种病

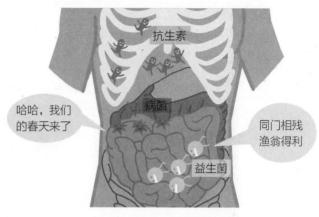

图 4-4-1　呕吐腹泻胃肠道感染

毒后亦引起腹泻，如肠道轮状病毒感染、肠道腺病毒、诺瓦克病毒、柯萨奇病毒等病毒感染，临床症状一般较轻，腹泻每天数次不等，以稀便或水样便为主（图 4-4-1）。

食物中毒是引起呕吐与腹泻的另一常见原因，详见有关章节。

喜食生冷食物，饮食无规律、进食过多、进食不易消化的食物，着凉等也能引起呕吐与腹泻（图 4-4-2）。

部分青少年心理压力大，考试前出现考前综合征也会表现为恶心、呕吐、腹疼、腹泻症状。

（二）呕吐与腹泻的主要临床症状

主要临床表现为起病迅速，出现恶心、呕吐、腹胀、上腹部或脐周疼痛、腹泻等，严重者可致发热、脱水、电解质紊乱、休克等。患者多表现为恶心、呕吐在先，继以腹泻，每天 3～5 次甚至数十次不等，大便多呈水样便、稀软便、胶冻状便、深黄色或带绿色或带血便等，有的粪便有难闻的臭味。患者可伴有腹部绞痛、发热、全身酸痛、精神差，食欲减退等症状。结肠后段炎症或痢疾时，常出现里急后重。

（三）呕吐与腹泻的预防

预防青少年呕吐与腹泻的工作主要有：

（1）讲究食品卫生。

图 4-4-2　引起呕吐与腹泻的原因

（2）食堂和家庭采购食品要严格把好质量关，切不可为贪便宜而购买变质的禽、蛋、肉和水产品。对碗筷等餐具应经常煮沸消毒。

（3）购买易生虫的蔬菜应注意鲜嫩无虫眼，留意是否使用了农药，摘去黄叶后应用水浸泡半小时以上，中间换水 2～3 次，然后再烹调。

（4）注意饮用水卫生。不喝生水，煮沸后用，可杀灭致病微生物。

（5）讲究个人卫生，养成饭前便后洗手的习惯。常剪指甲、勤换衣服。

（6）不要去大排档就餐和购买无证经营的盒饭，不要自办大型聚餐活动。

（7）注意休息，避免受凉、劳累，预防感冒和中暑；平衡膳食，合理营养，提高机体免疫力。

（8）合理安排日常工作学习，避免临时抱佛脚。适当排解压力。

（9）尽量减少与腹泻患者的接触，特别是不要共用餐饮用具。

（10）积极开展爱国卫生运动，加强对粪便、垃圾和污水的卫生管理，发动群众开展除四害运动。

（11）一旦发生肠道传染病症状应及时就医；家庭其他成员同时出现食物中毒现象，应在去医院的同时及时向疾病预防控制中心报告。

吃熟食　　　　　　　　喝开水　　　　　　　　勤洗手

图 4-4-3　预防肠道传染病九字经

概括起来，预防肠道传染病有一个九字真经：吃熟食、喝开水、勤洗手（图 4-4-3）。

（四）常见呕吐与腹泻的应急处理

1. 轻度呕吐及腹泻者　卧床休息，若伴有频繁呕吐者应该暂时禁食，其余应给予流质并补充水分，以喝开水、汤类为宜。

2. 饮食限制　呕吐腹泻基本停止后，可进食低脂少渣半流质饮食或软饭。少量多餐，以利于消化，如面条、粥、馒头、烂米饭、瘦肉泥等。

3. 消毒处理　伴有脓血便或米泔样大便者，应将患者用过的餐具、衣物等煮沸消毒，排泄物需进行处理（可用石灰）。

4. 远离厨房　呕吐与腹泻期间不宜为家人做饭烧菜，应直到症状消除为止。

5. 注意个人卫生　如厕后要记得将手洗干净，以免传染病菌给他人。

6. 送医治疗　剧烈呕吐及腹泻者应速送往医院治疗，不宜在家滞留以免耽误病情，严重脱水休克可危及生命。

第五节　感　　冒

百姓常说的"感冒"实际是指两种疾病，即"普通感冒"和"流行性感冒"，一般我们所说的都是普通感冒。普通感冒也称"上呼吸道感染"，是由多种病毒引起的一种呼吸道常见病。普通感冒虽多发于初冬，但任何季节如春天、夏天也可发生，不同季节的感冒的致病病毒并非完全一样。流行性感冒，是由流感病毒引起的急性呼吸道传染病。病毒存在于患者的呼吸道中，在患者咳嗽、打喷嚏时经飞沫传染给别人。青少年感冒与成人感冒并无本质上的区别，所以下面一并叙述。

【感冒类型】

感冒主要是由呼吸道合胞病毒、鼻病毒、腺病毒、冠状病毒和副流感病毒引起的上呼吸道感染。除了普通感冒，急性上呼吸道感染还包括急性咽炎、急性扁桃体炎、急性喉炎和急性气管炎等疾病。

流行性感冒（简称流感）是流感病毒引起的急性呼吸道感染，也是一种传染性强、传播速度快的疾病。其主要通过空气中的飞沫、人与人之间的接触或与被污染物品的接触传播。典型的临床症状是：急起高热、全身疼痛、显著乏力、腹泻和轻度呼吸道症状（图 4-5-1）。

【鉴别】

流行性感冒与普通感冒的区别见表 4-5-1。

图 4-5-1　感冒症状

表 4-5-1　普通感冒与流感的鉴别

	流　　感	普 通 感 冒
传染性	丙类传染病	非传染病
季节性	有明显季节性（中国北方为 11 月至来年 3 月）	季节性不明显
发热程度	多高热（39～40℃），可以伴有寒战	不发热或轻、中度热，无寒战
发热持续时间	3～5 d	1～2 d
全身症状	身体重，头痛、全身肌肉酸痛、乏力	少或没有
并发症	可以出现中耳炎、肺炎，甚至脑膜炎或脑炎	罕见
病程	5～10 d	1～3 d
病死率	较高，死亡多由于流感引起原发病（肺病、心脑血管病）急性加剧	较低

可以看出，通常流感比普通感冒症状重，并发症更多，而且可以伴随肺炎等严重情况，死亡率也较高。

【注意事项】

感冒主要是由病毒引起的，大部分不需要使用抗生素（抗生素主要是治疗细菌感染性疾病，对病毒无效），更不需要静脉输液治疗。

感冒一般是可以自愈的疾病，但是一部分病毒特别是流感病毒、柯萨奇病毒感染后偶尔可损伤心肌，或通过血液进入心肌细胞繁殖，引起心肌炎。一般在感冒或急性支气管炎 1～4 周内出现心悸、气短、呼吸困难、心前区闷痛、心律失常，此时应警惕心肌炎的可能性，应该到医院进行心电图和相关的检查，及时明确诊断，并接受相应的治疗，千万不可麻痹大意。严重的心肌炎可引起猝死。

一、流行性感冒

一般秋冬季节是其高发期，所引起的并发症和死亡现象非常严重。该病是由流感病毒引起，可分为甲（A）、乙（B）、丙（C）三型，甲型病毒经常发生抗原变异，传染性大，传播迅速，极易发生大范围流行。甲型 H1N1 也就是甲型一种。本病具有自限性，但在婴幼儿、老年人和存在心肺基础疾病的患者容易并发肺炎等严重并发症而导致死亡。

（一）病因

流感病毒所致，该病毒不耐热，100℃ 1 min 或 56℃ 30 min 灭活，对常用消毒剂敏感（1% 甲醛、过氧乙酸、含氯消毒剂等）；对紫外线敏感（图 4-5-2），耐低温和干燥，真空干燥或−20℃以下仍可存活。其中甲型流感病毒经常发生抗原变异，传染性大，传

对乙醚、氯仿、丙酮等有机溶剂均敏感
200 ml/L乙醚4℃过夜，破坏病毒感染力
以下方法均可灭活
10 g/L高锰酸钾处理3 min
1 ml/L氯化汞处理3 min
750 ml/L乙醇处理5 min
1 ml/L碘酊处理5 min
1 ml/L盐酸处理3 min
1 ml/L甲醛处理30 min
对热敏感
56℃条件下，30 min可灭活

图 4-5-2 如何灭活甲型 H1N1 流感病毒

播迅速，极易发生大范围流行。

（二）预防

流行性感冒在人与人间传播能力很强，与有限的有效治疗措施相比积极防控更为重要。预防青少年流行性感冒工作主要有：保持环境清洁，注意个人的卫生。强化对学校等公共场所检测。开展健康教育，加强病例管理。

（1）接种流感疫苗。在流行季节前一月接种流感疫苗是最有效的预防手段。

（2）减少外出。流行高峰期避免去人群聚集场所，如市场、影剧院等。如出现流感样症状及时就医，并减少接触他人，尽量居家休息。

（3）加强防护。出门戴口罩，咳嗽、打喷嚏时应使用纸巾等，避免飞沫传播；勤洗手，避免脏手接触口、眼、鼻。

（4）开窗通风，保持室内空气流通，定期消毒。

（5）加强户外体育锻炼，提高身体抗病能力。秋冬气候多变，注意加减衣服。

（6）均衡饮食，按时起居，保持良好的生活习惯。

（7）流感患者应隔离1周或至主要症状消失。患者用具及分泌物要彻底消毒。

（8）暴发流行的防控：当流感已在社区流行时，同一机构内如在72 h内有2人或2人以上出现流感样症状就应警惕，积极进行病原学检测。一旦确诊应要求患者入院治疗或居家休养，搞好个人卫生，尽量避免、减少与他人接触。当确认为机构内暴发后，应按《传染病防治法》及《突发公共卫生应急条例》的有关规定来执行。医院内感染暴发时，有关隔离防护等措施应参照相关技术指南的规定来执行。

（三）应急要点

（1）注意休息，多喝水。

（2）身体持续发热，应尽快就医。

（3）感冒初期可服用感冒冲剂、板蓝根冲剂以缓解症状。

（4）如病情严重，应在医院隔离治疗。

二、甲型 H1N1 流感

甲型 H1N1 流感开始的时候叫猪流感，从墨西哥开始传播，后更名为甲型 H1N1 流感，俗称甲流。为急性呼吸道传染病，其病原体是一种新型的甲型 H1N1 流感病毒，在人群中传播。与以往或目前的季节性流感病毒不同，该病毒毒株包含有猪流感、禽流感和人流感三种流感病毒的基因片段（图 4-5-3）。人群对甲型 H1N1 流感病毒普遍易感，并可以人传染人。人感染后的早期症状与普通流感相似，包括发热、咳嗽、喉痛、身体疼痛、头痛、发冷和疲劳等，有些还会出现腹泻或呕吐、肌肉痛或疲倦、眼睛发红等。2009 年开始，甲型 H1N1 流感在全球范围内大规模流行。2010 年 8 月，世卫组织宣布甲型 H1N1 流感大流行期已经结束。

图 4-5-3　流感病毒

【预防】

（1）勤洗手，养成良好的个人卫生习惯。

（2）睡眠充足，多喝水，保持身体健康。可食用绿茶、酸奶、大蒜等食物预防甲流。

（3）应保持室内通风，少去人多、不通风的场所。

（4）做饭时生熟要分开，猪肉烹饪至 71℃以上，以完全杀死甲型 H1N1 流感病毒。

（5）避免接触生猪或前往有猪的场所。

（6）咳嗽或打喷嚏时用纸巾遮住口鼻。

（7）常备治疗感冒的药物，一旦出现流感样症状（发热、咳嗽、流涕等），应尽早服药对症治疗。

（8）避免接触出现流感样症状的患者。

（9）目前针对甲型 H1N1 流感的人用疫苗已生产，规模投放于卫生场所，故应及时注射。

（10）普通家庭还可用酒精为日常用品消毒。

第六节　咳　　嗽

咳嗽在青少年中极为常见，是一种呼吸道常见的突发性症状。咳嗽由气管、支气管黏膜或胸膜受炎症、异物、物理或化学性刺激引起。咳嗽时先是声门关闭，呼吸肌收缩，肺内压升高，然后声门张开，肺内空气喷射而出。通常伴随着声音。咳嗽具有清除呼吸道异物和分泌物的保护性作用。如果咳嗽不停，由急性转为慢性，常常带来更大的痛苦，如胸闷、咽痒、喘气等。咳嗽伴随聚集液体咳出称为咳痰。

（一）咳嗽的原因

（1）感染是最常见的病因。在病毒、细菌感染后，诱发急性上呼吸道感染。但一般情况下，急性上呼吸道感染患者的咳嗽症状并不突出，而是以咽干、咽痒、咽痛、鼻塞、喷嚏，流鼻涕、低热等症状为主。但是如果进一步发展，病毒可侵入气管、支气管，成为急性气管-支气管炎（图4-6-1），此时就会出现明显的咳嗽咳痰症状。

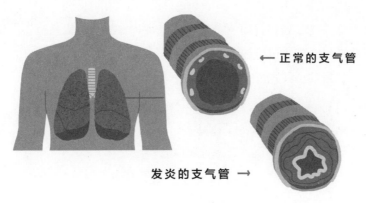

← 正常的支气管

发炎的支气管 →

图 4-6-1　气管炎

（2）在剧烈运动后咳嗽，称运动诱发性咳嗽，或运动性咳嗽。尤其好发于青少年。一般在剧烈运动几分钟时开始出现胸闷、喘息、咳嗽、呼吸困难，运动停止后5～10 min症状达高峰，30～60 min内自行缓解。最常出现的运动类型有自行车、跑步、花样滑冰。

（3）吸入一些特殊物质可导致过敏性咳嗽，如尘螨、花粉、真菌、动物毛屑等。一些特殊气味如硫酸、甲醛、甲酸、二手烟或者机动车来源的二氧化氮、一氧化碳、二氧化硫等与青少年咳嗽、咳痰、喘息的发生密切相关。

（4）气候改变可诱发咳嗽。当气温、湿度、气压和（或）空气中离子等改变时可诱发咳嗽，故在寒冷季节或秋冬气候转变时较多发病（图4-6-2）。

（5）胃酸和其他胃内容物反流进入食管，也是咳嗽的常见原因，称之为胃食管反流性咳嗽。典型反流症状包括胸骨后烧灼感、反酸、嗳气、胸闷等，也有不少人仅仅表现为咳嗽、干咳或咳少量白色黏痰。

（6）其他原因有精神因素、药物、食物呛咳、气胸、胸膜炎等，也会发生咳嗽症状。

不是一叶而知秋，是一"咳"而知秋。

图4-6-2 气候咳嗽

（二）咳嗽的预防

预防青少年咳嗽的工作主要有：

（1）提高青少年健康意识，加强锻炼，多进行户外活动，提高机体抗病能力。气候转变时及时增减衣服，防止过冷或过热。

（2）减少去拥挤的公共场所，少与咳嗽患者接触，减少感染机会。

（3）经常开窗，流通新鲜空气，勤倒垃圾。

（4）及时接受预防注射，减少传染病发生。

（5）加强生活调理，饮食适宜，保证睡眠。

（6）平时适当食用梨和萝卜，对咳嗽有一定的预防功效。

（7）避开寒冷、干燥的环境下进行运动。

（8）避免接触刺激性物体及气味。

（9）关注天气情况与PM2.5（大气中直径小于或等于2.5 μm的颗粒物，也称为可入肺颗粒物）数值，雾霾天减少外出，若必须出行，佩戴好口罩（图4-6-3）。

（10）咳嗽加重，及时就医。

（三）常见咳嗽的应急处理

咳嗽实际上是人体的一种保护性呼吸道反射。当上下呼吸道有过多的分泌物刺激，有害气体、异物误入气道，便会产生持续或强烈的咳嗽，力图排除异物。因此，咳嗽一

图 4-6-3　PM2.5 咳嗽

般是一种有益的动作，有时亦见于健康人体。在一般情况下，对轻度而不频繁的咳嗽，只要将痰液或异物排出，就可以自然缓解，无须应用镇咳药。一般只有当咳嗽影响生活工作时，病因治疗效果不佳，或咳嗽病因难以确定时才应用止咳药物。当咳嗽有痰时，可以合并使用祛痰药。

1. 上呼吸道感染所致咳嗽

主要应急措施包括：

（1）使用一些止咳化痰的药物，如急支糖浆，止咳糖浆等。记住有些治疗并不是立竿见影的，起效要有一定的时间。原则上，如果病情没有恶化，需坚持用药 3 天，看疗效，如果频繁换药不利于疾病控制。

（2）若自行用药不能缓解咳嗽症状，最好到医院看病。包括检查血常规、照胸片等。

（3）使用抗生素治疗一定要在医生指导下进行，不能擅自使用抗生素类药物和滥用抗生素。

（4）注意休息，避免受凉再次感冒，忌辛辣食物。

2. 咽炎所致咳嗽

一般病程冗长，顽固难愈。它的病因可以是急性咽炎反复发作转为慢性，或长期烟酒过度，或受粉尘、有害气体的刺激引起，还有很多患者是由于胃食管反流性疾病反复发生，胃酸或胃内容物反流刺激咽喉引起的，或是由于鼻腔或鼻窦的分泌物滴入咽喉下部造成的。慢性咽炎的典型症状为咽部有异物感，作痒微痛，干燥灼热等；常有黏稠分泌物附于咽后壁不易清除，夜间尤甚，"吭吭"作声，意欲清除而后快。分泌物可引起刺激性咳嗽，甚或恶心、呕吐。

慢性咽炎引起的咳嗽一般是不需要抗菌药物治疗的，平时要戒烟酒，饮食时避免辛辣、酸等强烈调味品。改善工作生活环境，结合生产设备的改造，减少粉尘、有害气体的刺激。生活起居有常、保证睡眠。适当控制用声。用声不当、用声过度、说话过多对咽喉炎治疗不利。

3. 精神性咳嗽

一些青少年无"器质性疾病"，却表现为长期的咳嗽症状，甚至还有胸闷，叹气。特点是：家长和老师越是注意他，他咳嗽得越频繁。当睡觉、游戏和运动时或心情愉悦时反而不咳嗽，不胸闷。原因可能是不想上学、学习压力大等原因，应该予以一些语言疗法、呼吸训练、心理治疗及松弛技巧训练等。

4. 胃食管反流性咳嗽

反流性咳嗽一般的止咳药物没什么效果，要按照反流性食管炎来治疗。患者应改变生活方式和饮食习惯：睡眠时将床头抬高 15～20 cm，减少胃酸反流的机会；不宜吃得过饱，特别是晚餐，睡前不要吃东西，餐后不能立即躺平；少食多餐，低脂肪、清淡饮食，避免咖啡、浓茶等刺激性食物；戒烟禁酒；避免精神刺激。

第七节 哮 喘

哮喘又名支气管哮喘。支气管哮喘是由多种细胞及细胞组分参与的慢性气道炎症，此种炎症常伴随引起气管反应性增高，导致反复发作的喘息、气促、胸闷和（或）咳嗽等症状，多在夜间和（或）凌晨发生，此类症状常伴有广泛而多变的气流阻塞，可以自行或通过治疗而逆转。哮喘多见于青少年时期，甚至儿童期开始首次发病，病情反复缓解与加重。

（一）哮喘的原因

1. 遗传因素

哮喘是一种具有复杂性状的、多基因遗传倾向的疾病。

2. 变应原

哮喘最重要的激发因素可能是吸入变应原。

（1）室内变应原

屋螨是最常见的、危害最大的室内变应原，是哮喘在世界范围内的重要发病因素。

常见的有 4 种：屋尘螨、粉尘螨、宇尘螨和多毛螨。90% 以上螨类存在屋尘中，屋尘螨是持续潮湿气候最主要的螨虫。家中饲养宠物如猫、狗、鸟释放变应原在它们的皮毛、唾液、尿液与粪便等分泌物里，也可引起哮喘急性发作。蟑螂为亚洲国家常见的室内变应原；与哮喘有关的常见为美洲大蠊、德国小蠊、东方小蠊和黑胸大蠊，其中以黑胸大蠊在我国最为常见。真菌亦是存在于室内空气中的变应原之一，特别是在阴暗、潮湿以及通风不良的地方，常见为青霉、曲霉、交链孢霉、分支孢子菌和念珠菌等。花粉与草粉是最常见的引起哮喘发作的室外变应原。木本植物（树花粉）常引起春季哮喘，而禾本植物的草类和莠草类花粉常引起秋季哮喘。

（2）职业性变应原

可引起职业性哮喘常见的变应原有谷物粉、面粉、木材、饲料、茶、咖啡豆、家蚕、鸽子、蘑菇、抗生素（青霉素、头孢霉素）、异氰酸盐、邻苯二甲酸、松香、活性染料、过硫酸盐、乙二胺等。

（3）药物及食物添加剂

阿司匹林和一些非皮质激素类抗炎药是药物所致哮喘的主要变应原。水杨酸酯、防腐剂及染色剂等食物添加剂也可引起哮喘急性发作。蜂王浆口服液是我国及东南亚地区国家和地区广泛用作保健品的食物。目前已证实蜂王浆可引起一些患者哮喘急性发作。

3. 促发因素

（1）大气污染　空气污染（二氧化硫：SO_2；一氧化氮：NO）可致支气管收缩、一过性气道反应性增高并能增强对变应原的反应。

（2）吸烟　香烟烟雾（包括被动吸烟）是户内促发因素的主要来源，是一种重要的哮喘促发因子。

（3）感冒和上呼吸道感染是最常见的诱因　冬春季节或气候多变时更为明显。

（4）其他　剧烈运动、气候转变及多种非特异性刺激，如吸入冷空气、蒸馏水雾滴等。此外，精神因素亦可诱发哮喘。

（二）哮喘的预防

预防青少年哮喘的工作主要有：加强体育锻炼；降低、控制环境中的危险因素；早期避免接触过敏原和吸入致喘物；调整饮食方案；举办哮喘防治专题讲座等。

（1）保持室内整洁，尽可能去除杂物，尤其是发霉或易霉物品；保持良好通风换气；防止室内潮湿，使用除湿器使室内湿度保持在 25%～50%；不用地毯；不用羽绒、蚕丝制品；勤洗暴晒玩具、被褥衣物；定期清理暴晒久藏书籍等，都是有效可行的干预性措施。

（2）灭杀蟑螂、真菌；禁养猫、狗等宠物。并应避免到养有宠物的亲友家中作客。

（3）易感人群及患者需尽量不在花粉季节外出。不可避免接触时应戴口（鼻）罩，以防止吸入过敏原，可预防引发哮喘。

（4）改变饮食因素是预防哮喘的另一重要手段。增加鱼油或橄榄油的摄入；同时应注意查明个体对特种食物有否过敏，对此应终生禁食。饮食中增加抗氧化维生素、水果及新鲜蔬菜的摄入。

（5）积极预防感冒和防治呼吸道感染，适时增（减）衣着，加强耐寒锻炼，积极参与可耐受的增强体质的体育活动，避免在人群密集且通风不良的公共场所逗留，一旦发生上呼吸道感染应及早积极治疗。

（6）长期医院门诊随访，与医生共同制定（并定期和适时调整）和实施个体化的管理方案，包括在不同情况下合理使用抗炎等特殊药物，查明和避免个体的危险因素，饮食干预以及心理治疗等。

（7）当不可能避免变应原或适当的药物治疗仍不能控制哮喘时，可考虑针对相应潜在的过敏情况进行特异性免疫治疗。

（8）加强心理素质，心理素质差是造成支气管哮喘发作的一个重要因素，压抑或者紧张的心态，悲观失望的态度都有可能引发哮喘。应坚定治疗支气管哮喘的信心。

（三）哮喘的应急处理

1. 吸氧气疗法

患者取坐位或半卧位，或让其抱着枕头跪坐在床上，此时应该保持患者的腰向前倾，这样有利于呼吸。同时消除恐惧心理和焦虑情绪。迅速取出家用吸氧瓶，以 3 L/min 的高流量氧气通过鼻导管或面罩给患者吸入。如出现严重呼吸困难、口唇、指甲青紫时更应尽快吸氧。氧气吸入前应当通过一个水封瓶适当加温、加湿，以免氧气过干过冷对呼吸道的刺激，并可稀释痰液以利排痰。

2. 气喘喷雾剂疗法

常备气喘喷雾剂，用量参见该剂型的说明书。气雾剂使用步骤（图4-7-1）如下。

（1）先将吸入器内的药物摇混；药物治疗大多需要使用吸入器装置。气雾剂较为常用，它是液体的，包括预防发作的必可酮、普米克气雾剂、辅舒酮气雾剂和缓解症状的万托林、喘康素、异丙托溴铵等常用药物。

（2）做3～4次深呼吸运动，将气呼出。

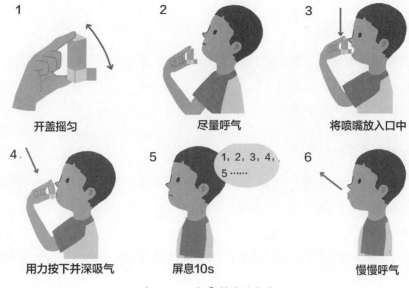

1	2	3
开盖摇匀	尽量呼气	将喷嘴放入口中
4	5	6
用力按下并深吸气	屏息10s	慢慢呼气

图 4-7-1　气雾剂使用方法

（3）用口含着吸入器。

（4）按1次吸入器发放药物并同时做慢而深的吸气，深深用口吸入药物；使用气雾剂需要按压动作与吸入动作配合好，应在吸气动作开始后立刻按下气雾剂，缓而深地将药吸入肺内，深吸气末屏气，注意按压时气雾剂必须呈垂直状态。

（5）屏气时间尽量达 10 s。

（6）然后正常呼吸。

3. 注意患者保暖，环境安静，鼓励其配合治疗。

4. 保证室内通风

保证室内空气新鲜。避免室内有煤油、烟雾、油漆等刺激性气体。

5. 向 120 急救中心呼救

症状仍难以控制，发作持续时间过长，应速送医院救治，以防哮喘持续状态的发生或向120急救中心呼救，请急救医生前来救治。待病情稳定后，护送患者到医院就诊。

第八节　抽　　搐

抽搐是不随意运动的表现，是神经-肌肉疾病的病理现象，表现为横纹肌的不随意收缩。

（一）抽搐的原因

高热、癫痫、破伤风、狂犬病、缺钙等都是青少年常见的引起抽筋的原因。这属全身性的，还有局部性的如腓肠肌（俗称小腿肚子）痉挛，常由于急剧运动或胫部剧烈扭拧引起，往往在青少年躺下或睡觉时出现。

（二）抽搐的临床表现

临床上常见的抽搐有如下几种：惊厥、强直性痉挛、肌阵挛、震颤、舞蹈样动作、手足徐动、扭转痉挛、肌束颤动、习惯性抽搐。

1. 惊厥 是常见的一种不随意运动，这是全身或局部肌群发生的强直和阵挛性抽搐。全身性的如癫痫大发作，局限性的如局限性癫痫。惊厥可伴有或不伴有意识障碍。

2. 强直性痉挛 是指肌肉呈强直性收缩，例如癫痫大发作的强直期，手足搐搦症的手足部肌肉痉挛，破伤风的牙关紧闭和角弓反张均属于此种类型。

3. 肌阵挛 是指一种短暂的、快速的、触电样重复的肌肉收缩，可遍及数组肌群或部分肌肉。肌阵挛可能轻微而不致引起肌体的运动，也可能十分剧烈而使病者跌倒（图 4-8-1）。

图 4-8-1 肌阵挛

4. 震颤 是关节的促动肌与拮抗肌的有节律的轮替运动，其幅度可大可小，其速度可快可慢，因不同疾病而异。震颤的常见部位是手指、下颌、唇部和头部等处。

5. 舞蹈样动作 是一种突发的快速的、无定型的、无目的的、粗大的肌群跳动，最常见于头部，面部的上肢尤以肢体的远端明显。

6. 手足徐动 是指手指或足趾出现的比较缓慢的扭曲动作，表现为各种奇形怪状，其速度介于舞蹈动作与扭转痉挛之间。

7. 扭转痉挛 是四肢肢体近端以及脊柱肌群的缓慢扭转动作，由于基底节疾病所致。肌束颤动是局限于某些肌束的极其快速、而短暂的收缩，不伴有关节活动，用手刺激病变部位时可诱发。

8. 习惯性抽搐 是一种快速、短暂、重复的、有目的的、刻板式的不随意动作，常见的有眨眼、努嘴、蹙额、耸肩等。

（三）抽搐的预防

1. 针对病因积极预防原发病

例如癫痫患者需按医嘱服药，如果突然停药，即使是一两天，都会导致癫痫抽搐的发作。又比如高烧容易抽搐，及时退热可以预防抽搐；破伤风病可能引起抽搐，所以要打破伤风疫苗预防破伤风病；狂犬病会引起抽搐，所以预防狗咬伤很重要。缺钙会引起抽筋，所以要补足钙（多吃含钙食物，必要时服葡萄糖酸钙片等），同时要多晒太阳，补充鱼肝油等。

2. 预防腓肠肌（小腿肚子）抽筋

首先要加强日常的身体锻炼，提高机体的耐寒能力和耐久力。运动前必须做好准备活动，对容易发生抽筋的肌肉可事先做适当的按摩。冬季锻炼时，要注意保暖。夏季进行剧烈活动或长时间运动时，要注意电解质的补充和维生素 B_1 的摄入，可以饮用运动饮料或淡盐水。疲劳或饥饿时不宜进行剧烈运动。游泳下水前应先用冷水冲淋全身，使身体对冷水有所适应。水温低时游泳时间不宜太长。在减轻体重或控制体重时，要在专家指导下科学进行。

3. 保持精神愉快，避免刺激，尽量避免触及"触发点"

起居规律，室内环境应安静，整洁，空气新鲜。

4. 防止晚上睡觉时抽筋

白天不要过度疲劳，晚上不要使腿部受凉。

（四）抽搐的应急处理（图 4-8-2）

（1）立即将抽搐者平放于床上，头偏向一侧并略向后仰，颈部稍抬高，将其领带、皮带、腰带等松解，注意不要跌落地上。

（2）迅速清除口鼻咽喉分泌物与呕吐物，以保证呼吸道通畅与防止舌根后坠，为防止牙齿咬伤舌，应以纱布或布条包绕的压舌板或筷子放于上下牙齿之间。并以手指掐压人中及合谷（虎口），以上要求必须在几秒钟内迅速完成。

（3）防止抽搐者在剧烈抽搐时与周围硬物碰撞致伤，但绝不可用强力把抽搐的肢体压住，以免引起骨折。

（4）急剧运动时腓肠肌（小腿肚）突然觉得疼痛、抽筋时，要马上抓紧拇趾，慢慢地伸直腿部，待疼痛消失时进行按摩。如果半夜出现腓肠肌（小腿肚）抽筋时，可以利用墙壁压挡脚趾，将腿部用力伸直，直到疼痛、抽筋缓解，然后进行按摩。

（5）游泳时抽筋的处理。① 手指、手掌抽筋：将手握成拳头，然后用力张开，又

1. 发作开始，应立即扶患者侧卧防止摔倒、碰伤。

5. 防止舌咬伤，可将手帕卷成或用一双筷子缠上布条塞入其上下牙之间。

2. 然后解开领带、胸罩、衣扣、腰带，保持呼吸道通畅。

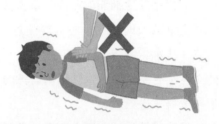

6. 抽搐时，不要用力按压患者肢体，以免造成骨折或扭伤。

3. 将头歪向一侧，使唾液和呕吐物尽量流出口外，以免回流至呼吸道引起窒息。

7. 发作过后昏睡不醒，尽可能减少搬动，让患者适当休息，可给吸氧气。

8. 已摔倒在地的患者应检查有无外伤，如有外伤，应根据具体情况进行处理。

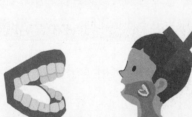

4. 如果有假牙，取下假牙，以免误吸入呼吸道。

图 4-8-2　抽搐处理

迅速握拳，如此反复进行，并用力向手背侧摆动手掌。② 上臂抽筋：将手握成拳头并尽量屈肘，然后再用力伸开，如此反复进行。③ 小腿或脚趾抽筋：用抽筋小腿对侧的手，握住抽筋腿的脚趾，用力向上拉，同时用同侧的手掌压在抽筋小腿的膝盖上，帮助小腿伸直。④ 大腿抽筋：弯曲抽筋的大腿，与身体成直角，并弯曲膝关节，然后用两手抱着小腿，用力使它贴在大腿上，并做震荡动作，随即向前伸直，如此反复进行。

（6）一旦发生全身性突然抽筋，应马上拨打120送往医院就诊。

第九节　过敏性鼻炎

过敏性鼻炎，也称变应性鼻炎，是特应性个体接触过敏原后由IgE（人体介导过敏反应的一种抗体）介导的鼻黏膜炎症反应性疾病，其主要症状是反复喷嚏、清涕、鼻塞和鼻痒，患者常伴眼痒、结膜充血和（或）流泪。据统计，我国每年青少年鼻炎、鼻窦炎新增发病人数超过1 000万（图4-9-1）。

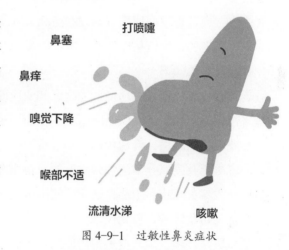

图 4-9-1　过敏性鼻炎症状

（一）病因

1. 与遗传有关

过敏性鼻炎对于过敏性体质的人更易发生，而这种体质与基因有很大关系，因此通常为遗传所致。

2. 吸入变应原

引起过敏性鼻炎发作的大多为花粉，常年性的致病物还可能是螨虫、粉尘、油烟、汽车尾气、煤气、香烟等。

3. 食入变应原

此类青少年患者较成人多见，常见的致病原如牛奶、鸡蛋、鱼虾、豆类、海鲜、动物脂肪、毒品、香精、桃子、芒果等都极有可能诱发此病。

4. 接触变应原

此类病原主要是通过与较为敏感性的人体皮肤等直接接触而致其发病，如化妆品、肥皂、紫外线、洗洁精、染发剂、化纤用品，等等。

5. 菌性抗原

由患者身上原本患有的疾病造成感染病菌所形成的，如细菌、病毒等导致过敏性鼻炎的发生。

6. 药剂性抗原

一些对药物有过敏反应的患者因误注射或口服可导致其过敏的药剂如青霉素、磺胺剂等，则也可诱发过敏性鼻炎。

（二）预防

过敏性鼻炎的防治，应将健康管理与临床诊治有机结合。尤其是过敏原的回避，鼻用激素使用的安全性，正确的喷鼻操作手法，以及口服药物如何增减等都是健康教育的重要内容。通过采取健康教育管理和生活方式干预，在保持临床治疗有效性的同时，能明显提高患者的治疗依从性，使过敏性鼻炎治疗疗效得以保证。

1. 普及相关知识

告知青少年尽量避免环境诱发因素和变应原是非常重要的，使青少年及家属对鼻炎的危害性有一定的了解，以便医生对症下药，采取不同的治疗和预防措施。

2. 嘱咐正确就医，合理用药

向青少年及家属介绍治疗常用药物、使用方法以及使用剂量，告知患者及家属不能随意增加或减少药物，不能自己随意使用抗生素，使之能更好地了解并掌握用药知识。

3. 加强自我管理，自我保健

注意居室环境卫生。避免室内使用蚊香、清洁剂等过于刺激的东西；保持清洁避免滋生霉菌；每周最好能够用热水清洗枕头、被褥。避免、减少接触变应原，远离有害的刺激和污染的食物、空气，避免被动吸烟，注意防寒保暖。增加营养，多吃含维生素 A 及维生素 C 的忌食辛辣食物、过冷食物。坚持鼻腔冲洗和做鼻保健操。

4. 常见过敏原的控制方法主要有以下几种。

（1）屋尘螨 ①将床垫、床架和枕头用抗过敏原护套包裹，每周用热水（54℃）清洗床单；②将宅内湿度降到 50% 以下；③彻底清扫室内，特别是橱柜和家具；④经常清洗窗帘，洗涤剂使用苯甲酸苄酯或鞣酸；⑤使用合成材料产品替代羽绒被和荆绒枕，每周清洗床上的毛绒玩具或不要放置；⑥不使用软垫家具；⑦安装高效空气过滤网装置，可高效过滤空气中直径为 0.5～2.0 PM 的微粒；⑧不铺地毯，不使用风扇等。

（2）花粉 ①关闭住宅门窗和车窗；②在花粉传播季节减少户外活动，尽量在窗户关闭的室内活动；③使用汽车和居室空调，将空调置于室内循环和空气净化状态；④户外活动后马上洗澡以去除花粉，避免污染床上用品；⑤避免修整草坪；⑥安装高效空气过滤网装置等。

（3）蟑螂　①掌控食品来源清洁；②保持厨房和卫生间干燥；③定时清除厨房垃圾；④专业除蟑等。

（4）真菌　①清除潮湿区域；②降低儿童房间的湿度；③修理漏水等。

（5）宠物　①停止饲养宠物；②将宠物移至户外；③常给宠物洗澡（至少每2周1次）；④清洗所有与宠物接触的物品等。

5. 加强体育锻炼，增加抵抗力

体育锻炼能改善机体免疫功能，提高机体的适应能力，经常锻炼身体，劳逸结合，多采取散步、慢跑、游泳等有氧运动，运动要适度、长期。注意休息增强体力。避免淋雨、冲冷水澡，减少早晨或冷天游泳；保持睡眠充足，不熬夜；应多参加跑步、登山、打球等有规律而渐进的运动。

6. 开展心理辅导

大多数青少年心智未完全成熟，易出现心理问题。部分重症和长期的变应性鼻炎青少年心理状态不稳定，会产生自卑、暴躁等负面情绪。护理工作者应对其进行耐心细致的心理辅导，鼓励青少年积极配合治疗，保持愉悦的身心，树立战胜疾病的信心，以放松的心态对待疾病，向其展示治疗效果较好的实例，让他们树立自信心和克服疾病的勇气。适度调节情绪，保持心态平和，避免剧烈的情绪波动。

（三）应急处理

目前过敏性鼻炎的主要防治方法包括：避免接触过敏原、药物治疗、免疫治疗及健康教育。避免接触过敏原是预防过敏性鼻炎最有效的方法；药物治疗是缓解症状的有效手段之一；而免疫治疗是唯一可能通过免疫调节机制改变过敏性鼻炎自然进程的治疗方式；必要时可以选择外科治疗。

第十节　眼　　病

眼病就是眼部发生的疾病，是指发生在视觉系统，包括眼球及与其相关联组织有关的疾病。一般包括白内障、视网膜疾病、青光眼、视神经病变等多种眼科疾病。

【眼球的结构】

人的眼睛近似球形，位于眼眶内。最前端突出于眶外 12～14 mm，受眼睑保护。眼球包括眼球壁和眼内容物（图 4-10-1）。

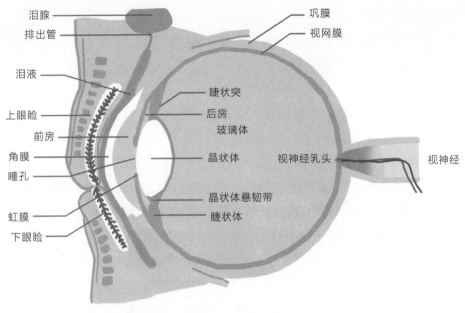

图 4-10-1　眼球结构

1. 眼球壁分外、中、内三层

（1）眼球壁外层由角膜、巩膜组成。前 1/6 为透明的角膜，后 5/6 为白色的巩膜，俗称"眼白"。

（2）眼球壁中层又称葡萄膜，色素膜，包括虹膜、睫状体和脉络膜三部分。不同种族虹膜颜色不同，中央有 3～4 mm 大小的瞳孔。睫状体外侧为巩膜，内侧则通过悬韧带与晶体赤道部相连。

（3）眼球壁内层为视网膜，含锥体细胞和杆体细胞两类感光细胞。眼底的后极部有一直径约 1.5 mm 的黄斑，鼻侧约 3 mm 处有一直径为 1.5 mm 的淡红色区，为视盘，亦称视乳头，为盲点。

2. 眼内容物

包括房水、晶体和玻璃体。三者均透明，与角膜一起共称为屈光间质。

（1）房水由睫状突产生，有营养角膜、晶体及玻璃体，维持眼压的作用。

（2）晶体为富有弹性的透明体，形如双凸透镜，位于虹膜、瞳孔之后、玻璃体之前。

（3）玻璃体为透明的胶质体，充满眼球后 4/5 的空腔内。主要成分为水。玻璃体有屈光作用，也起支撑视网膜的作用。

3. 视神经、视路

4. 眼附属器

包括眼睑、结膜、泪器、眼外肌和眼眶。

【眼科疾病】

常见的眼科疾病有：中心浆液性视网膜病变、干眼症、交感性眼炎、夜盲症、失明、弱视、散光、沙眼、白内障、糖尿病视网膜病变、结膜炎、老花眼、色盲、虹膜异色症、视网膜色素变性、视网膜中央动脉阻塞、视网膜脱落、近视、远视、针眼、雪盲症、睑板腺囊肿、青光眼、飞蚊症等。

【自我诊断】

（1）眼部干涩，眼痒，眼部发胀疲劳，时有怕光流泪等可能是干眼症。

（2）眼睑或睑结膜红肿，俗称"偷针眼"，是眼睑的一种急性化脓性炎症。

（3）眼周围有疼痛或眼动时微痛，视野缩小，甚至部分视野缺损，红绿色野受累，发生偏盲或暗点，常一眼发病，视力急剧减退，甚至短期内完全失明，常有头痛和眶内疼痛。眶内疼痛在眼球转动或压眼球后加重，可能是患了视神经炎。

（4）自觉眼睛刺痒及灼热感，睑缘皮肤发红，多为睑缘炎，又称"烂眼边"或"红眼边"。

（5）早晨醒来时，上下眼睑常被多量黏性或脓性分泌物粘住，自觉眼内有异物感或灼热感，并有轻微流泪或疼痛，多为急性传染性结膜炎，俗称"红眼病"或"暴发性火眼"。

（6）眼睛有显著的刺激症状，怕见光、流泪、疼痛，视力减退，角膜表面有灰白色或黄白色溃疡，多为角膜炎。

（7）夜间或在暗处看不清东西，球结膜干燥，失去湿润的光泽，多为夜盲症。夜盲症常发生于营养不良的儿童，常伴有全身营养不良表现，如消瘦、哭声低微而嘶哑、精神萎靡等。

（8）自觉视物变形，视野中有一个暗区，眼前常有闪光或火星，产生闪光幻觉，或常感眼前有黑影来回飘动，则可能患有脉络膜炎。如果常自觉视物变形，直线被看成曲线，有时物像略大些，有时又显得小些，有时洁白的物体被看成是黄色，则可能患有中央性视网膜脉络膜炎。如果眼内出现黄色反光，视力障碍或视力完全消失，伴有全身感染性疾病时，可能是化脓性脉络膜炎。

（9）自觉眼前有飞蝇，眼前有黑点或黑色块状浮动，视力减退等症状，应考虑为玻璃体出现液化、混浊或变性的可能。

（10）眼外形无改变，突然一夜失明，甚至无光感，有可能是视网膜中央动脉硬化或静脉血栓形成。如果自觉眼前出现黑点浮动，视力下降，或突然视力减退，或仅余光感，应考虑视网膜静脉周围炎。

【预防】

（1）油性皮肤的人群，往往眼睑上会有油性分泌物、碎屑、脱落物，因此要特别注意保持眼睑卫生。眼睛里有异物导致不适情况下，尽量不要揉眼睛，多用清水冲洗。大风天气出门，要做好护眼措施，防止沙尘入眼，影响眼睛健康。平时也可以适当用护眼产品改善眼睛环境。

（2）合理膳食方面，对于长时间用电脑者，要多吃一些新鲜的蔬菜和水果，同时增加维生素 A、维生素 B_1、维生素 C、维生素 E 的摄入，预防角膜干燥、眼干涩、视力下降，甚至出现夜盲等。

（3）秋季会燥热，但最好不要长时间待在空调房，空调除了调节温度之外，还会抽湿，减少了空气里水分的含量。在这种干燥的环境中，泪膜蒸发率增加，容易使眼睛发干、发涩。

（4）平时戴隐形眼镜的人群，秋季更要注重卫生，戴镜取镜都要把手清洁干净，镜片也要保证灭菌消毒彻底，以防引起接触性感染。此外，生活过程中，经常眼睛出现干痒、酸涩刺痛、流泪，甚至视力模糊等症状，一定要及时就医，查清病因，进行治疗。

上面简要叙述眼病的常见知识，包括眼的结构、疾病种类、治疗及预防等。下面对青少年常见眼病进行介绍。

一、近视眼

在调节放松的状态下，平行光线经眼球屈光系统后聚焦在视网膜之前，称为近视。近视眼也称短视眼，因为这种眼只能看近不能看远。这种眼在休息时，从无限远处来的平行光经过眼的屈光系折光之后，在视网膜之前集合成焦点，在视网膜上则结成不清楚的象，远视力明显降低，但近视力尚正常。

（一）症状和表现（图 4-10-2）

1. 视力

近视眼最突出的症状是远视力降低，但近视力可正常。虽然，近视的度数愈高远视力愈差，但没有严格的比例。一般说，300 度以上的近视眼，远视力不会超过 0.1；200 度者在 0.2～0.3 之间。

2. 视力疲劳

特别在低度者常见，但不如远视眼者明显。系由于调节与集合的不协调所致。高度近视由于注视目标距眼过近，集合作用不能与之配合，故多采用单眼注视，反而不会引起视力疲劳。

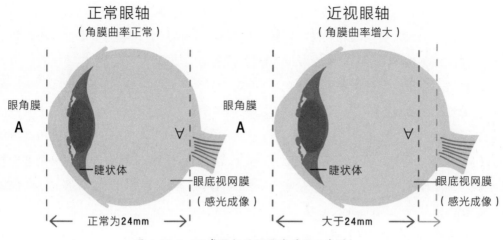

图 4-10-2　正常眼与近视眼球对比示意图

3. 眼位

由于近视眼视近时不需要调节，所以集合功能相对减弱，待到肌力平衡不能维持时，双眼视觉功能就被破坏，只靠一眼视物，另一只眼偏向外侧，成为暂时性交替性斜视。若偏斜眼的视功能极差，且发生偏斜较早，可使偏斜眼丧失固视能力，成为单眼外斜视。

4. 眼球

高度近视眼，多属于轴性近视，眼球前后轴伸长，其伸长几乎限于后极部。故常表现眼球较突出，前房较深，瞳孔大而反射较迟钝。由于不存在调节的刺激，睫状肌尤其是环状部分变为萎缩状态，在极高度近视眼可使晶体完全不能支持虹膜，因而发生轻度虹膜震颤。

5. 眼底

低度近视眼眼底变化不明显，高度近视眼，因眼轴的过度伸长，可引起眼底的退行性改变。

（二）预防及应急处理

1. 光线需充足，反光要避免

舒适的光线，可以得到良好的视觉信息，光线过强或过暗都会给眼睛带来不良的影响。因此青少年平常看书的书桌应有边灯装置，其目的在于减少反光，以降低对眼睛的伤害。

2. 连续阅读时间不宜过长

青少年看书写字、看电视、用电脑，几个小时不休息，有的学生甚至到深夜才睡觉，这样不仅影响身体健康，使眼睛负担过重，容易引起调节性（或称功能性）近视，即假性近视。而且还会使眼外肌对眼球壁的巩膜组织产生压力，眼内压增高，眼内组织充血。因此，学生看书学习每隔 50 min 休息片刻为宜。

3. 坐姿要端正，距离适中

不要弯腰驼背，或趴在桌上看书，更不能躺在床上，侧着身看书。眼与书本的距离应保持 30～35 cm，身体与课桌保持一掌，大约 10 cm 的距离，书本与课桌的角度要保持在 30～45°。如书本水平放在桌面上，看书时就要向前稍低头，这样就容易把书本移近眼睛，加重眼睛负担 2～3 倍，从而引起颈部肌肉和颈背的疲劳，而不自觉地向前倾斜，长期下去就会导致视力下降。

4. 少看电视，少用电脑

尽量减少与对人眼产生辐射的电视、电脑、游戏机等电器设备的接触，因为，显像管辐射出的 X 射线可大量消耗视网膜中的视紫质，可以使视力明显减退。电脑最好选用液晶显示器，以减少电磁波对眼睛的伤害。经常玩游戏机的同学更易损坏视力，而且自幼即玩游戏机的低视力同学，配镜连矫正视力都上不去，原因就在于视网膜和黄斑部的功能受到了损害。

5. 睡眠要充足，注意用眼卫生

作息时间要有规律，睡眠要充足。睡眠不足会导致眼睛结膜充血、分泌物增多、畏光流泪，眼酸痛等结膜、角膜炎症。应尽量避免风沙、烟尘、紫外线、红外线、化学物品、医药用品等对眼睛的伤害。个人卫生要保持清洁，毛巾、脸盆、手帕等个人物品，要专人专用，尽量不用他人物品，以避免造成交叉感染，引起眼部疾病，导致视力下降。

6. 在行车或走路时不能看书

有的青少年喜欢边走路边看书，或在行走的车厢里看书，这样对眼睛很不利，因为车厢在晃动，身体在摇晃，眼睛与书本距离无法固定，加上照明条件不好，加重了眼睛的负担，经常如此就有可能引起近视。

7. 多做眼保健操，进行户外运动

做眼保健操是我国中小学校重视眼保健工作的具体体现，通过按摩眼部周围各穴位和肌肉，刺激神经末梢，增加眼部周围组织血液循环，调节眼的新陈代谢，从而达到消除疲劳，增强视力，预防近视的目的。此外，多接触青山绿水等大自然景物，也有利于眼睛的健康。

8. 注意饮食结构，营养摄取应均衡

营养摄取要均衡，偏食或过多摄入糖和蛋白质，从而缺乏如锌、钙、铬等微量元

素，都不利于视力健康。预防方法是多吃一些蔬菜、水果、肝脏、鱼等食品。

二、红眼病

急性卡他性结膜炎俗称"红眼"或"火眼"，是由细菌感染引起的一种常见的急性流行性眼病。其主要特征为结膜明显充血，脓性或黏液脓性分泌物，有自愈倾向（图4-10-3）。

● 急性出血性结膜炎，俗称红眼病，为我国法定丙类传染病

● 主要通过接触被患者眼部分泌物污染的手、物品或水等发病

预 防 措 施

● 保持手的清洁，不要用手揉擦眼睛

● 各人的毛巾、脸盆、手帕单用，洗脸最好用流水

● 不慎接触患者可用75%乙醇消毒双手

● 患者应进行隔离，尤其在学校、幼儿园等集体单位

图 4-10-3　预防红眼病应注意个人卫生

（一）症状

自觉患眼刺痒如异物感，严重时有眼睑沉重，畏光流泪及灼热感，有时因分泌物附着在角膜表面瞳孔区，造成暂时性视物不清，冲洗后即可恢复视力，由于炎症刺激产生大量黏液脓性分泌物，患者早晨醒来时会发觉上下眼睑被分泌物粘连在一起，当病变侵及角膜时，畏光、疼痛及视减退等症状明显加重，少数患者可同时有上呼吸道感染或其他全身症状。一般说来，发病3～4 d，病情即达高潮，随即逐渐减轻，10～14 d即可痊愈；病情较重者，有时伴有全身症状如体温升高及全身不适等，病程可持续2～4周。本病常双眼同时或相隔1～2 d发病。

（二）预防

红眼病其传播途径主要是通过接触传染。往往通过接触患者眼分泌物或泪水沾过的物件（如毛巾、手帕、脸盆等），与红眼病患者握手或用脏手揉擦眼睛等，都会被传染，最终造成红眼病的流行。夏秋季节，因天气炎热，细菌容易生长繁殖，非常容易造成大规模的流行。

（1）如果发现红眼病，应及时隔离，所有用具应单独使用，最好能洗净晒干后再用。

（2）患红眼病时除积极治疗外，应少到公共场所活动，不共用毛巾、脸盆等。

（三）应急处理

在发病早期和高峰期做分泌物涂片或结膜刮片检查，确定致病菌，并做药敏试验，选择有效药物治疗。

第十一节 牙 病

牙病也就是牙齿硬组织的疾病。随着生活水平的日益提高，人们对生命质量和生活质量越来越重视。一口洁白健康的牙齿，不仅保证了咀嚼和发音的功能，而且是身体健康的象征。以下介绍一些常见的牙病相关知识。

【牙齿的构造】（图 4-11-1）

牙齿包括牙冠（牙齿的可见部分）、牙颈（位于牙冠与牙根交界处）和牙根（牙齿埋在齿槽骨里面部分）三部分，其组织结构部分如下。

1. 牙釉质 是覆盖在牙冠上非常坚硬的保护性组织。

2. 牙本质 是构成牙体的主要组成物质，位于牙釉质与牙骨质的内层，不如牙釉质坚硬，在其内层有一空腔，称为髓腔。

3. 牙髓 是充满在牙髓腔的蜂窝组织，内含血管、神经和淋巴。

4. 牙骨质 覆盖在牙根的牙本质表层，它通过弹力纤维与颌骨相连接。

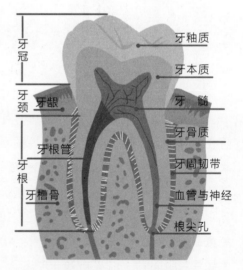

图 4-11-1 牙体解剖图

5. 牙龈 是覆盖在齿槽骨上的坚韧的粉红色表皮。

6. 牙周韧带 牙周韧带又称牙周膜，是介于牙根和牙槽骨之间的结缔组织，好似带子连接牙齿和牙槽窝，可缓冲和调节牙齿所负担的咀嚼压力。在口腔里用肉眼是看不到的，但可在 X 线片看到。

7. 牙槽骨 是上颌骨包围和支持牙根的部分，它供给牙齿营养并保护牙齿。牙齿脱落后，牙槽骨也随之萎缩。

【牙齿的种类和功能】

恒牙有 32 颗，有 4 种不同类型。

1. 切牙 包括中切牙、侧切牙，俗称门牙，形如铲状，有切割食物的功能，能够把整块食物切开咬断。

2. 尖牙 位于中线两旁第三个牙位上，牙体粗壮，牙根最大，具有撕裂食物的作用，尖牙位于口角处，对支持面部外形起着很重要的作用。

3. 双尖牙 该牙因咬面有颊侧和舌侧两个牙尖，它具有把食物捣碎磨烂的作用，故又称前磨牙，它一般有 1～2 个牙根。

4. 磨牙 牙体宽大，形态复杂，牙面有 4～5 个牙尖，状如磨盘，用来研磨食物，有 2～4 个牙根。

5. 智齿 智齿是最后一颗磨牙支持，需特别的细心照顾，有时他们不能正常萌出，有时因很难清洁造成各种牙病而需根除。

【常见牙病】

国人常患的牙病主要分为 4 类。第一是蛀牙（龋齿），患病率为 50%，平均每名成年人嘴里都有 2.5 只蛀牙，平均每名儿童嘴里有 4.5 只蛀牙；第二是牙周炎，患病率为 80%；第三是畸形牙，患病率为 50%，此种牙多为内进外出；第四为缺牙，内地 65 岁以上人士大多数都缺牙，平均每人嘴内的牙齿保有量仅为 8 颗。

【如何防治牙病】

解决牙病的根本在于预防，预防牙病应做到以下几点。

1. 有效控制牙菌斑 养成良好的卫生习惯，饭后一定要刷牙、漱口，保持口腔清洁，掌握"三、三制"的刷法（即每日刷 3 次，每次刷 3 min，要刷到牙齿的 3 个面）。提倡应用牙线去除牙间隙的菌斑，用含氟牙膏或抗牙石牙膏辅助刷牙去除牙菌斑，防止牙石牙垢的形成。

2. 定期作口腔保健检查 每 6 个月至 1 年做 1 次口腔洁治（俗称洗牙），保持健康的牙龈和稳固的牙齿，有效预防牙周炎。

3. 进行早期有效的治疗 包括洁治、刮治、牙周手术、固定松动牙齿、牙周炎治疗与正畸治疗。

4. 加强身体锻炼，提高机体抵抗力 积极治疗全身性疾病，如营养障碍、糖尿病、内分泌紊乱、骨质疏松等，纠正开口呼吸等不良习惯。

5. 注意饮食营养 多吃青菜、水果、豆制品、牛奶、鱼、蛋类、粗粮、纤维多的食物，戒烟戒酒。

第十二节 耳 聋

耳聋是听觉传导通路发生器质性或功能性病变致不同程度听力损害（hearing impairment）的总称，一般认为平均听阈在 26 dB（分贝）以上时称为听力减退或听力障碍。

（一）分型

（1）根据听力减退的程度不同，又称为重听、听力障碍、听力减退、听力下降等。程度较轻的亦称重听，显著影响社交能力者称为聋，因听觉障碍难以用语言进行正常人际沟通者称为聋哑或聋人。

（2）按耳聋发生部位与性质，一般将耳聋分为传导性聋、感音神经性聋和混合性聋。感音神经性聋按病变部位可再分为中枢性聋、神经性聋和感音性聋，但中枢性聋罕见，单纯的神经性聋少见，感音性聋最为常见（图 4-12-1）。

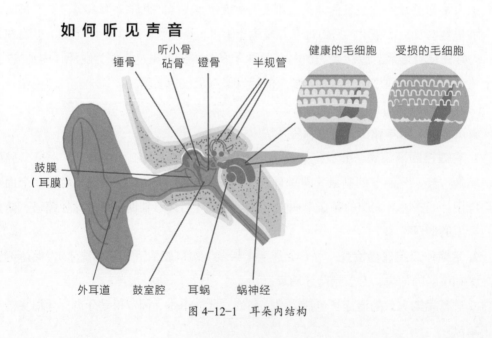

如何听见声音

锤骨 听小骨 砧骨 镫骨 半规管 健康的毛细胞 受损的毛细胞

鼓膜（耳膜）

外耳道 鼓室腔 耳蜗 蜗神经

图 4-12-1 耳朵内结构

（二）病因

耳聋的病因复杂，有先天性和后天性因素，其中化脓性中耳炎是传导性耳聋中最主要的致聋疾病。

（三）临床表现

听觉障碍常见的临床症候有耳鸣、听觉过敏、耳聋、幻听及听觉失认。

（四）预防

1. 养成良好的饮食习惯

要特别注意营养，多补充锌、铁、钙等微量元素，尤其是锌元素，这些微量元素对预防耳聋有显著效果。富含锌的食物主要有海鱼、鲜贝类等，经常食用对预防耳聋很有好处。也可以选择服用一些富含多种维生素和微量元素的保健品。

2. 保持情绪稳定

情绪激动很容易导致耳内血管痉挛，如果同时伴有高血黏度，则会加剧内耳的缺血缺氧，最终导致听力下降。保持良好的心态和乐观的情绪，合理安排生活，多交朋友，多参加社会和集体活动。

3. 戒烟戒酒

尼古丁和酒精会直接损伤听神经，长期大量吸烟、饮酒还会导致心脑血管疾病的发生，致内耳供血不足而影响听力。

4. 加强体育锻炼

体育活动能够促进全身血液循环，内耳的血液供应也会随之得到改善。锻炼项目可以根据具体身体状况来选择，散步、慢跑、打太极拳等都可以，但一定要坚持。

5. 避免噪声的环境（图 4-12-2）

图 4-12-2 避免噪声

避免在噪声很大的地方长久工作生活，遇到突发性噪声（如放鞭炮）时，要尽快远离，以减少噪声对双耳的冲击和伤害。

（五）应急处理

一旦感到耳鸣或者听力下降，或者原有的耳鸣、听力不好加重了，应尽快到医院耳鼻喉科做耳科检查和听力检查。如果确诊是突聋，应尽快治疗。

第十三节　脊柱弯曲

青少年脊柱侧弯是危害我国青少年的常见病、多发病。发生脊柱侧弯的原因很多，有先天性、特发性、神经肌肉性和功能性脊柱侧弯等，青少年脊柱侧弯通常在青春发育前期发病，青春发育期进展很快，男孩和女孩发病概率相等，但女孩的脊柱侧弯弧度容易加重。脊柱侧弯常常会对患者产生生理和心理两方面的影响。对脊柱本身而言，侧弯会引起脊柱本身和脊柱两侧的受力不平衡，影响青少年的身高发育和出现腰背疼痛的症状，有的可以在凹侧产生骨刺，压迫脊髓或神经，引起截瘫或椎管狭窄。对脊柱周围组织来说，弧度大于100°的患者会引起限制性肺病，同时侧弯可影响胸廓发育，压迫心肺，进而引起心肺功能障碍或衰竭。心理方面的影响主要是脊柱侧弯所致畸形使许多患者有自卑、羞涩、恐惧、自闭的病态性格，严重影响青少年心理的健康发展。

（一）症状

对于脊柱侧弯较明显的青少年患者，可发现两侧肩胛有高低，不在同一个平面，女孩双乳发育不对称，左侧的乳房往往较大；一侧后背隆起；腰部一侧有皱褶；一侧髋部比另一侧高；两侧下肢不等长；女孩在穿裙子时可以有两侧裙摆不对称的现象（图4-13-1和图4-13-2）。

体格检查可发现脊柱侧弯，呈"S"形，背部的一侧局限性隆起。由于脊柱的侧凸，严重者可以引起胸背部或腰背部明显不对称，并可有剃刀背和胸廓畸形。轻者可以通过前

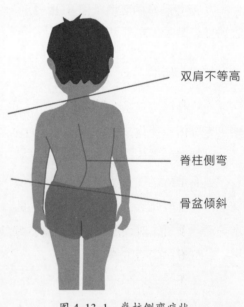

双肩不等高

脊柱侧弯

骨盆倾斜

图4-13-1　脊柱侧弯症状

屈试验加以检查，该试验是诊断特
发性脊柱侧凸的重要方法，受检查
者站立，双手平齐向前弯腰，检查
者在前方观察其背部两侧是否对称，
如果有脊柱侧凸，则背部两侧不称。

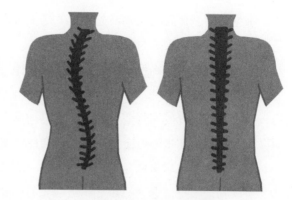

图 4-13-2　脊柱侧弯对比

（二）病因

脊柱侧弯有的是先天性的，也
有些脊柱侧弯是后天性的。先天性
脊柱侧弯主要是遗传或者是在母体中受到一些因素的影响造成的。那么导致后天性脊柱
侧弯的原因大致可以分为以下几类。

（1）由于脊髓灰质炎、神经纤维瘤、脊髓空洞症、大脑性瘫痪等使肌肉的张力不平
衡所致脊柱侧弯。患者发病年龄愈小，弯曲畸形也愈严重。

（2）幼年患化脓性或结核性胸膜炎，患者胸膜过度增厚并发生挛缩；或在儿童期施
行胸廓成形术，扰乱了脊椎在发育期间的平衡。均可引起脊柱侧弯。

（3）骨质疏松性脊柱侧弯，骨质疏松椎骨变形，从而椎骨间隙不等宽，会造成脊柱
弯曲。

（4）营养不良性脊柱侧弯，由于维生素 D 缺乏而产生佝偻病的小儿亦可出现脊柱
侧弯。

（5）由某种不正确姿势引起。这类脊柱弯曲畸形并不严重，当患者平卧或用双手拉
住单杠悬吊时，畸形可自动消失。

（三）预防

对脊柱侧弯应首先从预防做起，应定期到医院检查，早诊断、早治疗。应注意坐、
站、走等体态变化，同时学校要大力加强青少年卫生工作的宣传。

1. 科学的身体锻炼

体育锻炼的内容要多样化，全面增强脊柱两侧、前后肌群力量，除了上好体育课、
做广播操外，每天都应坚持 1 h 左右的体育锻炼。尽量多参加诸如单双杠、跳箱、平衡
木等活动项目，对预防脊柱弯曲有良好的作用。

2. 良好的学习方式

包括正确的读写姿势和高度适合的桌椅。

（1）正确的姿势指身体距离桌子一拳的距离，眼睛距离书本一尺的距离，身体坐

正，书本放在身体正方偏右（适合于右手写字的人），这样的习惯需要养成，对骨骼和身体都是很有好处的。

（2）正确的桌椅高度应该能使人在坐时保持两个基本垂直，一是当两脚平放在地面时，大腿与小腿能够基本垂直。二是当两臂自然下垂时，上臂与小臂基本垂直。这样就可以使人保持正确的书写姿势。如果课桌椅高度没有及时依据身高变化而做出相应的调整，使青少年长期坐姿不正可能会诱发脊柱侧弯。

3. 适当的书包重量和背包方式

美国物理治疗协会通过对九年级学生的研究表明，背包过重和背包方式错误可能造成青少年背部损伤和肌肉疲劳。孩子背包过重将引起脊椎后弯、侧弯、前倾或扭曲。同时，肌肉可能因极度紧张而疲劳，脖子、肩膀和背部容易受到伤害。因此，建议把背包重量控制在背包者体重的 10% 以下。合理放置书包内物品也很重要，最重物品应放在最贴近背部的位置。单肩背包或斜挎方式让人始终由身体一侧受力，久而久之难免造成体形歪斜。建议孩子尽量采取双肩背的背包方式。尽量拉紧背包带，背包时应始终把背包位置保持在后背肌肉最强壮的中部。所以，背包者应该尽量拉紧背包带，防止书包滑到背部以下。

4. 合理的饮食习惯

合理饮食是指一日三餐所提供的营养必须满足人体的生长、发育和各种生理、体力活动的需要。青少年正是生长发育的高峰期，所以青少年要适当补钙。

（四）应急处理

1. 矫正体操法

此法是家长和患者都比较乐意接受的一种疗法。由于肩部和骨盆的运动，可以带动脊柱的运动，因此，适当的运动可以矫治原发性脊柱侧弯。比如，抬高左上肢可使胸椎向左凸，能矫正胸椎向右侧弯曲；抬高左下肢可使骨盆向右倾，使腰椎向右凸，能矫正腰椎向左侧弯曲。上述两个动作同时进行，可矫正胸椎向右、腰椎向左的脊柱侧弯。矫正操的内容由医生指导制定。

做矫正操时动作要平稳缓慢、充分有力，每 1 个动作都要持续 2～3 s，且要重复 10～30 次或者更多次，直至患者感到肌肉疲劳为止。矫正操每天需做 1～2 次。在做矫正体操时，患者也可将沙袋捆在四肢上，增加运动的负荷。这样可以增强锻炼的效果，同时要注意姿势正确。做矫正体操需要坚持到患者骨骼发育成熟为止。对于骨骼发育成熟后的严重原发性脊柱侧弯患者来说，也应坚持做矫正体操，以避免其病情继续发展。

2. 姿势训练法

此法对治疗原发性脊柱侧弯，调节其神经–平衡系统极为重要，但却往往被患者忽视。姿势训练法要求患者在日常生活中，时刻保持着体态的挺拔和对称。此法适用于治疗各种类型的原发性脊柱侧弯，特别是对纠正轻度的原发性脊柱侧弯疗效好。此种训练需要患者常年坚持。

3. 支具疗法

此法是医生根据患者的不同情况加以选定的。支具是用塑料制作的，由医生根据患者的情况定做。支具就像一个"硬背心"，它所产生的外力会将侧弯的脊柱慢慢地顶回去。支具穿在内衣的外面和外衣的里面，不与身体直接接触，从衣服的外面一般也看不到。患者每天需佩带支具 23 h，剩下的 1 h，可用作体育运动和洗澡。佩带支具时，还应做支具内体操及姿势训练。目前，比较常用的支具内体操：① 做骨盆后倾练习。即同时收缩腹肌和臀肌使骨盆向后倾。做此项练习时，可采用仰卧位、坐位、俯卧位等姿势。② 做骨盆后倾练习的同时应做俯卧撑。③ 做胸部收缩运动，使胸部与支具分离。④ 做深吸气动作，使胸部尽量向外扩张。支具内体操每天应做 1～2 次，每次可做数分钟，支具通常需要佩带到患者的骨骼发育成熟。支具内体操做到何时应根据病情的恢复状况由医生来决定。

4. 侧方表面电刺激法

此法是利用能发出电刺激的仪器，对患者的背部进行电刺激，使其背部肌肉收缩，以达到矫正脊柱侧弯的目的。侧方表面电刺激法通常在患者夜间睡眠时进行，且必须在医生的指导下严格操作。不少患者反映此疗法比佩带支具睡觉舒服。此法需要在医生的指导下选用，疗程也应由医生来决定。

第十四节　传　染　病

传染病（infectious diseases）是由各种病原体引起的能在人与人、动物与动物或人与动物之间相互传播的一类疾病。病原体中大部分是微生物，小部分为寄生虫，寄生虫引起者又称寄生虫病。传染病是一种可以从一个人或其他物种，经过各种途径传染给另一个人或物种的感染病。通常这种疾病可借由直接接触已感染个体、感染者体液及排泄物、感染者所污染到的物体，可以通过空气传播、水源传播、食物传播、接触传播、土壤传播、垂直传播（母婴传播）等。病原体从已感染者排出，经过一定的传播途径，传入易感者而形成新传染的全部过程。传染病得以在某一人群中发生和传播，必须具备传染源、传播途径和易感人群三个基本环节。

【分类管理】

《传染病防治法》根据传染病的危害程度和应采取的监督、监测、管理措施，参照国际上统一分类标准，结合中国的实际情况，将全国发病率较高、流行面较大、危害严重的39种急性和慢性传染病列为法定管理的传染病，并根据其传播方式、速度及其对人类危害程度的不同，分为甲、乙、丙三类，实行分类管理。

甲类传染病也称为强制管理传染病　包括鼠疫、霍乱。对此类传染病发生后报告疫情的时限，对患者、病原携带者的隔离、治疗方式以及对疫点、疫区的处理等，均强制执行。

乙类传染病也称为严格管理传染病　包括传染性非典型肺炎、艾滋病、病毒性肝炎、脊髓灰质炎、人感染高致病性禽流感、麻疹、流行性出血热、狂犬病、流行性乙型脑炎、登革热、炭疽、细菌性和阿米巴性痢疾、肺结核、伤寒和副伤寒、流行性脑脊髓膜炎、百日咳、白喉、新生儿破伤风、猩红热、布鲁氏菌病、淋病、梅毒、钩端螺旋体病、血吸虫病、疟疾、人感染H7N9禽流感。对此类传染病要严格按照有关规定和防治方案进行预防和控制。其中，传染性非典型肺炎、炭疽中的肺炭疽、人感染高致病性禽流感虽被纳入乙类，但可直接采取甲类传染病的预防、控制措施。

丙类传染病也称为监测管理传染病　包括流行性感冒、流行性腮腺炎、风疹、急性出血性结膜炎、麻风病、流行性和地方性斑疹伤寒、黑热病、包虫病、丝虫病，除霍乱、细菌性和阿米巴性痢疾、伤寒和副伤寒以外的感染性腹泻病、手足口病。

【传染病预防措施】

传染病预防措施可分为：① 疫情未出现时的预防措施；② 疫情出现后的防疫措施；③ 治疗性预防措施。

控制传染病最高效的方式在于防控，由于在传染病的三个基本条件中：传染源、传播途径和易感人群，缺乏任何一个都无法造成传染病的流行，所以对于传染病预防也主要集中在这三个方面。

（1）控制传染源　这是预防传染病的最有效方式。对于人类传染源的传染病，需要及时将患者或病源携带者妥善的安排在指定的隔离位置，暂时与人群隔离，积极进行治疗、护理，并对具有传染性的分泌物、排泄物和用具等进行必要的消毒处理，防止病原体向外扩散。然而，如果是未知传染源，特别是动物担任的传染源，由于其确定需要流行病学的因果推断和实验室检测结果上得到充分的证据，有的时候并不是很容易得到确切结果，尤其是突发急性传染病发生时，想要短时间内锁定传染源更是困难。不过，一且确定传染源后，需要及时采取高效的措施控制传染源，以保证传染源不会继续将病原体向易感人群播散。

（2）切断传播途径　对于通过消化道传染病、血液和体液传播的传染病，虫媒传染病和寄生虫病等，切断传播途径是最为直接的预防方式。主要方式在于对于传播媒介阻断，消毒或扑杀。如对于污染了病原体的食物或饮水要进行丢弃或消毒处理，对于污染了病原体的房间或用具要进行充分的消毒，对于一次性的医疗用品在使用后要及时进行消毒或焚烧等无害化处理，在虫媒传染病传播季节采取防蚊防虫措施等。同时，对于高危人群的健康教育干预手段也是极为必要的，如静脉注射吸毒人群，高危性行为人群等进行安全宣传教育。如今预防甲型 H7N9 流感病毒的方法也仍然是注意基本卫生、勤洗手、戴口罩、吃肉要煮熟。

洗手是预防传染病的主要方法之一，在以下情况时应要洗手：① 在接触眼、口及鼻前；② 当手被呼吸道分泌物污染时，如打喷嚏或咳嗽后；③ 触摸过公共对象，例如电梯扶手、升降机按钮或门柄后；④ 处理食物及进食前、如厕后。正确洗手步骤：① 开水后洗涤双手。② 加入皂液，用手擦出泡沫。③ 用最少 20 s 时间洗擦手指、指甲四周、手掌和手背，洗擦时无须冲水。④ 洗擦后用清水将双手彻底冲洗干净。⑤ 用干净毛巾或抹手纸彻底抹干双手，或用干手机将双手吹干。⑥ 双手洗干净后，可以先用抹手纸包裹着水龙头关上水源，不要再直接触摸水龙头。

（3）保护易感人群　保护易感人群也是传染病预防重要组成部分，而且往往是较为容易实现的预防方法。对于已经有预防性疫苗的传染病，给易感人群接种疫苗是最为保险的方法。

传染病是一大类疾病，以上是对传染病的总概述，包括传染病的定义、分类及预防等。下面分别叙述几类青少年常见的传染病。

一、流行性腮腺炎

流行性腮腺炎是由腮腺炎病毒引起的一种急性呼吸道传染病，多见于儿童及青少年，冬春季高发。主要通过飞沫传播，也可通过直接接触唾液污染食具和玩具等途径传播。一般潜伏期为 12～21 d，传染期为腮腺肿大前 24 h 到消肿后 3 d。感染后可获得免疫，大多预后良好。

（一）流行性腮腺炎的表现

潜伏期 8～30 d，平均 18 d。起病大多较急，无前驱症状。有发热、畏寒、头痛、肌痛、咽痛、食欲不佳、恶心、呕吐、全身不适等，数小时腮腺肿痛，逐渐明显，体温可达 39℃ 以上。

腮腺肿痛最具特征性。一般以耳垂为中心，向前、后、下发展，状如梨形，边缘不清；局部皮肤紧张，发亮但不发红，触之坚韧有弹性，有轻触痛，张口、咀嚼（尤其进酸性饮食）时刺激唾液分泌，导致疼痛加剧；通常一侧腮腺肿胀后 1～4 d 累及对侧，双侧肿胀者约占 75%。颌下腺或舌下腺也可同时被累及。10%～15% 的患者仅有颌下腺肿大，舌下腺感染最少见。重症者腮腺周围组织高度水肿，使容貌变形，并可出现吞咽困难（图 4-14-1 和图 4-14-2）。

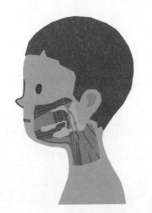

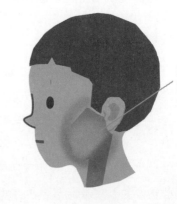

腮腺肿胀后脸颊会异常隆起

图 4-14-1　腮腺炎解剖结构及发病部位　　　　图 4-14-2　腮腺炎腮腺肿胀表现

（二）流行性腮腺炎的并发症

1. 脑膜脑炎

腮腺炎病毒是嗜神经组织病毒，脑膜脑炎是儿童时期最为常见的并发症，男孩较女孩多 3～5 倍。腮腺炎脑炎与其他原因引起的脑炎不易鉴别，以头痛、呕吐、颈项强直为常见症状，20% 的患儿发生惊厥。脑膜脑炎症状可能在腮腺肿大前或同时发生，也有腮腺肿后 2 周内出现。一般预后良好。个别脑炎病例也可留有后遗症。

2. 睾丸炎

男性患儿最常见的并发症，青春发育期后的男性发病率 14%～35%。早期症状常发生在腮腺肿大 1 周左右，突发高热、寒战、头疼、恶心、下腹疼痛、患侧睾丸胀痛伴剧烈触痛，阴囊邻近皮肤水肿、发红，鞘膜腔内可有黄色积液。病变大多侵犯一侧，1/3～1/2 的病例发生不同程度的睾丸萎缩。由于病变常为单侧，即使双侧也仅部分曲精管受累故很少导致不育症。常伴发附睾炎。

3. 卵巢炎

占青春期后女性患者的 5%～7%。卵巢炎症状有发热、呕吐、下腰部酸痛，下腹部轻按痛，月经周期失调，严重者可扪及肿大的卵巢伴压痛。迄今尚未见导致不育的报告。

4. 胰腺炎

表现为中上腹疼痛和触痛，伴呕吐、发热、腹胀、腹泻或便秘等。

5. 其他

心肌炎、肾炎、肝炎、乳腺炎、甲状腺炎、血小板减少、关节炎等。眼的并发症有角膜炎、泪腺炎、巩膜炎、虹膜睫状体炎、视乳头炎。一般 3 周内恢复。

（三）流行性腮腺炎的处理

本病为自限性疾病，目前尚无抗腮腺炎特效药物，抗生素治疗无效。主要对症治疗，隔离患者使之卧床休息直至腮腺肿胀完全消退。注意口腔清洁，饮食以流质或软食为宜，避免酸性食物，保证液体摄入量。体温达 38.5℃以上可用解热镇痛药。

（四）如何预防流行性腮腺炎

（1）保持良好的个人及环境卫生。

（2）勤洗手，使用肥皂或洗手液并用流动水洗手，不用污浊的毛巾擦手。双手接触呼吸道分泌物后（如打喷嚏后）应立即洗手。

（3）打喷嚏或咳嗽时应用手帕或纸巾掩住口鼻，避免飞沫污染他人。患者在家或外出时佩戴口罩，以免传染他人。

（4）均衡饮食、适量运动、充足休息，避免过度疲劳。

（5）每天开窗通风数次，保持室内空气新鲜。

（6）尽量不到人多拥挤、空气污浊的场所；不得已必须去时，最好戴口罩。

（7）在流行季节前接种腮腺炎减毒活疫苗也可减少感染的机会或减轻症状。

（8）一旦发生流行性腮腺炎，隔离患者直至腮肿完全消退为止，但至少要隔离 14 d。

二、猩红热

猩红热（scarlet fever）为 A 群溶血性链球菌感染引起的急性呼吸道传染病。其临床特征为发热、咽峡炎、全身弥漫性鲜红色皮疹和疹退后明显的脱屑。少数患者患病后由于变态反应而出现心、肾、关节的损害。本病一年四季都有发生，尤以冬春之季发病为多。多见于小儿，尤以 5～15 岁居多。

（一）临床表现

潜伏期 2～5 d，也可少至 1 d，多至 7 d。起病急剧，突然高热、头痛、咽痛、恶心、呕吐等。若细菌是从咽部侵入的，则扁桃体红肿，可有灰白色易被擦去的渗出性膜，软腭黏膜充血，有点状红斑

图 4-14-3　红色杨梅舌及白色杨梅舌

及散发性瘀点。发病初期，出疹之前即可见舌乳头红肿肥大，突出于白色舌苔之中，称为"白色杨梅舌"。3～4 d 后，白色舌苔脱落，舌色鲜红，舌乳头红肿突出，状似杨梅，称"红色杨梅舌"，同时伴有颌下淋巴结肿大（图 4-14-3）。

1. 前驱期

大多骤起畏寒、发热，重者体温可升到 39～40℃，伴头痛、咽痛、食欲减退，全身不适，恶心呕吐。咽红肿，扁桃体上可见点状或片状分泌物。软腭充血水肿，并可有米粒大的红色斑疹或出血点，即黏膜内疹，一般先于皮疹而出现。

2. 出疹期

皮疹为猩红热最重要的症候之一。多数自起病第 1～2 d 出现。偶有迟至第 5 d 出疹。从耳后、颈底及上胸部开始，1 d 内即蔓延及胸、背、上肢，最后下肢，少数需经数天才蔓延及全身。典型的皮疹为在全身皮肤充血发红的基础上散布着针帽大小，密集而均匀的点状充

图 4-14-4　猩红热皮肤黏膜表现

血性红疹，手压全部消退，去压后复现。偶呈"鸡皮样"丘疹，中毒重者可有出血疹，患者常感瘙痒（图 4-14-4）。在皮肤皱褶处如腋窝、肘窝、腹股沟部可见皮疹密集呈线状，称为"帕氏线"。面部充血潮红，可有少量点疹，口鼻周围相形之下显得苍白，称为"口周苍白圈"。

3. 恢复期

退疹后 1 周内开始脱皮，脱皮部位的先后顺序与出疹的顺序一致。躯干多为糠状脱皮，手掌足底皮厚处多见大片膜状脱皮，甲端靴裂样脱皮是典型表现。脱皮持续 2～4

周，不留色素沉着。

（二）治疗

发病即入医院进行诊治。

（三）注意事项（图4-14-5）

（1）患者在家休息，不要与他人接近。隔离期限自发病之日起，不少于7 d。

（2）患者如有化脓性并发症者，应隔离至炎症痊愈。

（3）患者居室要经常开窗通风换气，每天不少于3次，每次15 min。

（4）患者的痰、鼻涕要吐或擦在纸里烧掉。用过的脏手绢要用开水煮烫。

（5）日常用具可以暴晒，至少30 min。食具煮沸消毒。

（6）患者痊愈后，要进行一次彻底消毒，家具要用肥皂水或来苏水擦洗一遍，不能擦洗的，可在户外暴晒1～2 h。

图4-14-5　猩红热护理注意事项

第十五节　肝　　炎

肝炎是肝脏炎症的统称。通常是指由多种致病因素，如病毒、细菌、寄生虫、化学毒物、药物、酒精、自身免疫因素等使肝脏细胞受到破坏，肝脏的功能受到损害，引起身体一系列不适症状，以及肝功能指标的异常。由于引发肝炎的病因不同，虽然有类似的临床表现，但是在临床经过及预后、肝外损害、诊断及治疗等方面往往有明显的不同。需要注意的是，通常我们生活中所说的肝炎，多数指的是由甲型、乙型、丙型等肝炎病毒引起的病毒性肝炎（图 4-15-1）。

图 4-15-1　肝炎

甲肝　肠道传染病，主要通过不洁饮食、饮水，尤其是毛蚶等贝壳类小水产品引起感染，有时可引起暴发流行。预防：接种疫苗；注意饮食卫生。

丁肝　丁肝病毒为缺陷病毒，不能单独感染人体，常与乙型肝炎病毒重叠感染或混合感染，促使病情加重或慢性化，在吸毒者和边疆地区发生率较高。预防：接种乙肝疫苗；注意个人卫生。

戊肝

乙肝

丙肝　经血液及性传播的传染病，主要通过输血、使用血制品及母婴传播途径引起感染。预防：接种乙肝疫苗；安全注射；注意个人卫生。

肝

（一）肝炎的种类

1. 病毒性肝炎

由肝炎病毒引起的常见传染病。按致病病毒的不同，病毒性肝炎可分为多种类型，目前国际上公认的病毒性肝炎有甲型、乙型、丙型、丁型、戊型肝炎 5 种。其中甲型、戊型肝炎临床上多表现为急性经过，属于自限性疾病，经过治疗多数患者在 3～6 个月恢复，一般不转为慢性肝炎；而乙型、丙型和丁型肝炎易演变成为慢性，少数可发展为肝炎后肝硬化，极少数呈重症经过。慢性乙型、丙型肝炎与原发性肝细胞癌的发生有密切关系。

2. 其他肝炎

包括酒精性肝炎、药物性肝炎、自身免疫性肝炎、缺血性肝炎、遗传代谢性肝病、不明原因的慢性肝炎等，简述如下。

（1）酒精性肝炎　由于长期大量饮酒所致的肝脏损害。除酒精本身可直接损害肝细胞外，酒精的代谢产物乙醛对肝细胞也有明显毒性作用，因而导致肝细胞变性及坏死，并进而发生纤维化，严重者可因反复肝炎发作导致肝硬化。在临床上，酒精性肝炎可分为 3 个阶段，即酒精性脂肪肝、酒精性肝炎和酒精性肝硬化，它们可单独存在或同时并存。

（2）药物性肝炎　肝脏是药物浓集、转化、代谢的重要器官，大多数药物在肝内通过生物转化而清除，但临床上某些药物会损害肝细胞，导致肝细胞变性、坏死及肝脏生化检查异常，引起急性或慢性药物性肝炎，如异烟肼、利福平、磺胺类等。药物导致的肝细胞损伤可分为两大类，一类是剂量依赖性损伤，即药物要达到某一高剂量时才会导致肝细胞损伤，如酒精性肝炎；另一类是过敏性药物中毒，即个体对某些药物会发生强烈的过敏反应，一旦服用这些药物（与剂量大小无关）便可引发肝细胞损伤，这类患者多数伴随其他相关过敏性表现，如急性荨麻疹、血液中嗜酸粒细胞增多等。

（3）自身免疫性肝炎　本病主要见于中青年女性，起病大多隐匿或缓慢，临床表现与慢性乙型肝炎相似。轻者症状多不明显，仅出现肝脏生化检查异常；重者可出现乏力、黄疸、皮肤瘙痒等症状，后期常发展成为肝硬化，常伴有肝外系统自身免疫性疾病，如甲状腺炎、溃疡性结肠炎等。

（4）缺血性肝炎　缺血性肝炎是由于各种相关原发疾病造成的肝细胞继发性损害，如心血管疾病导致心脏衰竭，静脉血液无法回流心脏而滞留在肝脏，导致肝脏发生充血肿大、肝细胞变性坏死及肝脏生化检查异常。

（5）不明原因的慢性肝炎　不是一种特定类型的肝炎，仅指目前病因、病史不明的一些肝炎的统称。随着医学科学技术的发展，这些疾病将会找出特定的病因而逐渐减少。据估计，这类肝炎中约四分之一为病毒所致。

（二）肝炎的症状

由于每个人感染肝炎病毒时的年龄、感染程度、病毒类型以及机体免疫反应强弱不同，疾病的表现也会不同。一般地说，出现下列几方面情形尤其是有好几种症状同时出现，经过营养或休养后，症状依然没有消除，便可怀疑是患有肝脏病的可能，要及时进行检查。

1. 食欲　食欲减退，恶心厌油

因肝炎病毒诱发肝细胞大量破坏，分泌胆汁的功能减低，从而影响脂肪的消化，所以会出现厌油食。患肝炎时胃肠道充血、水肿，蠕动减弱，胃肠功能紊乱等症状，进而影响患者食物消化与吸收，所以会导致患者食欲减退、恶心厌油腻等症状。

2. 发热　持续性微热，或并发恶寒，并排除其他感染

急性黄疸型肝炎早期常有发热，多在 37.5～38.5℃，高热者少见，一般持续 3～5 d，而无黄疸型肝炎者发热远远低于黄疸型肝炎者。许多患者发热还伴有周身不适、食欲减退，误认为得了感冒。为数不少的黄疸型肝炎患者，往往在医院门诊按感冒治疗，3～5 d 后待黄疸出现才被确诊，这是缺乏对肝炎发热症状认识的缘故。发热的原因，可能是肝细胞坏死、肝功能障碍、解毒排泄功能减低或病毒血症所引起。

3. 尿色　尿黄如茶

黄疸型肝炎病正常情况下，人体的红细胞寿命是 120 d，被破坏的红细胞会放出血红蛋白，经过肝细胞一系列的分解代谢，变成黄色物质叫胆红素。由于肝炎病毒导致肝细胞破坏，影响胆红素的代谢，使胆红素进入血液增多，经尿液排出体外较平时增加，故尿色加深。尿的颜色越黄，说明肝细胞破坏越重，病情好转尿色逐渐恢复正常。

4. 疲劳　疲乏无力

这是肝炎患者发病的早期表现之一。患者往往说不清楚何时起病，其表现也不相同，轻者不爱活动，重者卧床不起，连洗脸、吃饭都不想动。尽管经充分休息，疲劳感仍不能消除，严重者好像四肢与身体分离似的。

5. 肝区疼痛

肝炎患者常常诉说肝区痛，涉及右上腹或右背部，疼痛程度不一，有的肝炎患者胀痛、钝痛或针刺样痛，活动时加剧，且时间不一。有时左侧卧位时疼痛减轻。出现这种症状的主要原因是肝炎病毒引起肝脏肿大，使肝被膜张力增大。

6. 眼和皮肤变黄

白眼球和皮肤变黄这种现象就叫黄疸。黄疸是肝炎中最易被发现的表现。

7. 水肿

下肢明显水肿，甚至全身水肿，按之凹陷，但应排除肾脏损害。轻度水肿亦可因血浆白蛋白过低所致。

8. 面色发黄晦暗

与太阳晒黑的皮肤不同，肝病患者的面部暗淡而无光泽度。另外，严重的黑眼圈都是慢性肝病患者早期症状，其中大多数为慢性乙肝。

9. 出血倾向

肝病出血现象体现在肝功能减退，使凝血因子合成减少所致。容易引起肝病患者牙龈出血、痔疮出血、胃肠道出血等，且出血时难以止住。

（三）肝炎的预防

1. 甲、戊型肝炎

（1）饮用水管理　自来水要按规程消毒，井水也要定期消毒，不喝不符合卫生标准的饮用水。

（2）粪便管理　甲肝患者的粪便用一份 20% 的漂白粉澄清液与一份粪便拌匀进行消毒，便器用 3%～5% 的漂白粉澄清液浸泡 60 min。

（3）饮食卫生　养成饭前便后洗手的卫生习惯，提倡分餐制，共用餐具要消毒，不要生食贝壳类水产。

（4）疫苗接种　对易感人群接种甲型肝炎疫苗有很好的免疫预防效果。目前尚无戊型肝炎疫苗特效预防。

2. 乙、丙、丁型肝炎（图 4-15-2）

（1）防止血源传播　严格筛选献血员，保证血液和血制品质量，不输入未经严格检验的血液和血制品；不去街头拔牙、耳垂穿孔、文身等。医生、护士打针要一人一管一消毒。

（2）防止性传播　采用适当的防护措施。

（3）防止生活接触传播　最好在集体聚餐实行分餐制，不与他人共用牙刷、剃须

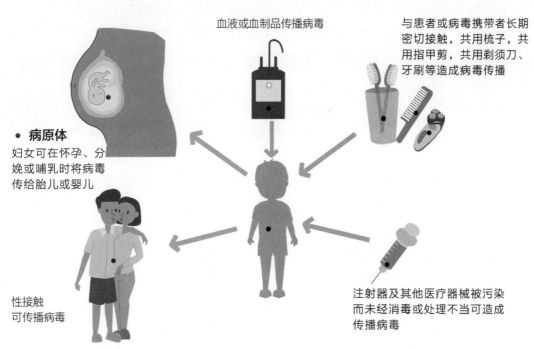

血液或血制品传播病毒

与患者或病毒携带者长期密切接触，共用梳子，共用指甲剪，共用剃须刀、牙刷等造成病毒传播

● **病原体**

妇女可在怀孕、分娩或哺乳时将病毒传给胎儿或婴儿

性接触可传播病毒

注射器及其他医疗器械被污染而未经消毒或处理不当可造成传播病毒

图 4-15-2　肝炎传播途径

刀、水杯和理发器具。

（4）疫苗预防　接种乙肝疫苗是预防乙型肝炎最有效的措施。接受乙型肝炎预防疫苗之前，应该预先检验血液，只有从未被乙型肝炎感染过的人，才需要注射疫苗。处于乙肝病毒感染高度危险状态的易感肝炎者均应接种肝炎疫苗。

高效价乙肝免疫球蛋白用于某些接触后人群的紧急预防。它只能在病毒进入肝细胞之前与病毒起中和作用。所以，乙肝免疫球蛋白的注射时间非常重要。有下列情况者应考虑注射乙肝免疫球蛋白：如被带有乙肝表面抗原（HBsAg）血液污染的注射针、穿刺针刺伤皮肤黏膜或输入 HBsAg 阳性的血液制品者；同 HBsAg 阳性者发生性接触者。

丙、丁型肝炎无疫苗特效预防。

（四）病毒性肝炎的治疗

须在专业医师指导进行治疗。

（五）病毒性肝炎患者的心理调适

病毒性肝炎患者经常会出现程度不同、类型不同的心理反应，恐惧、焦虑、抑郁的心理状态和情绪与其病情变化有较密切的关系，常影响患者的休息及食欲而加重病情，甚至促进重型肝炎的发生，影响患者的遵医行为和对治疗的依从性，延误治疗时机，给其预后带来不利的影响。因此，认识肝炎患者的心理反应，在治疗肝炎的同时，给予积极的心理支持治疗和护理，给予患者安全感，消除患者的焦虑心理和抑郁情绪，使其充满战胜疾病的信心，保持身心愉快而积极配合治疗，才能使患者早日康复。消除心理反应的方法如下。

1. 认知疗法　全面了解有关病毒性肝炎的知识，对疾病加强认识，消除不适当的预测，建立信心，积极配合各项治疗计划。当然更全面而系统的心理治疗则应该由专业的心理医生来进行。

2. 药物治疗　抑郁情绪较重的患者，可以到医院就诊遵医嘱服抗抑郁剂进行治疗，服药期间应注意观察转氨酶的变化，必要时停药。当心理反应进一步加重时，则应及时联系精神心理科医生。

第十六节　肠道寄生虫病

寄生虫在人体肠道内寄生而引起的疾病统称为肠道寄生虫病。常见的有原虫类和蠕虫类（包括蛔虫、钩虫、蛲虫、绦虫、鞭虫、阿米巴、贾第虫、滴虫等）。肠道寄生虫的种类多，在人体内寄生过程复杂，引起的病变并不限于肠道。依据感染寄生虫的种类和部位以及人体宿主的免疫状况，临床症状和体征各异（图4-16-1、图4-16-2和图4-16-3）。

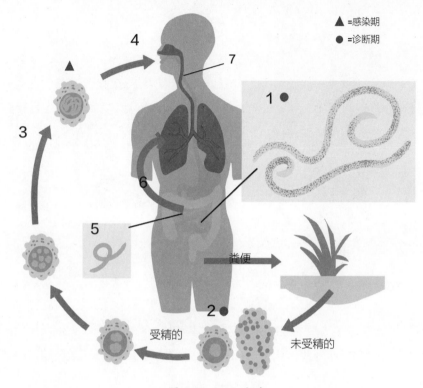

图 4-16-1　蛔虫病

【病因】

大多数肠道寄生虫感染与当地的卫生条件、生活习惯、健康意识、经济水平和家庭聚集性等因素有关。自然界的气温、雨量以及人们的生产和生活习惯是流行病学上的重要的因素。

【预防】

（1）不喝冷水，不吃生食和不洁瓜果。

（2）饭前便后要洗手、勤剪指甲。

（3）彻底煮熟食物，尤其是烧烤或进食火锅时。

（4）加强水源管理，避免水源污染。

（5）不随地大小便，加强粪便无害化处理，不用新鲜粪便施肥。

（6）农村应推行粪便无害化处理，在田里工作时须穿上鞋子。

（7）加强家畜管理，城市不养鸡、鸭、鹅。

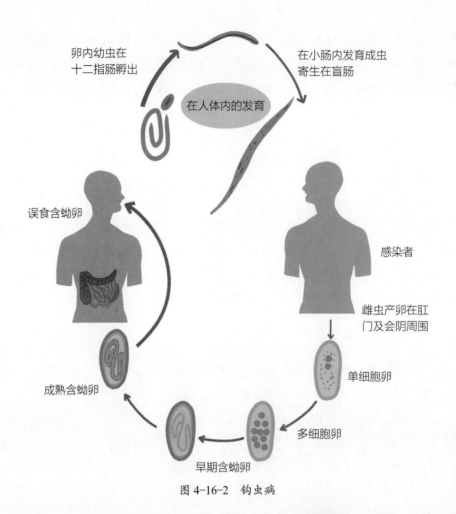

卵内幼虫在
十二指肠孵出

在小肠内发育成虫
寄生在盲肠

在人体内的发育

误食含蚴卵

感染者

雌虫产卵在肛
门及会阴周围

成熟含蚴卵

单细胞卵

多细胞卵

早期含蚴卵

图 4-16-2　钩虫病

人生食含囊尾蚴的猪肉被感染

含囊尾蚴
的猪肉

人误食虫卵后，
囊尾蚴在人的
皮下，肌肉及
脑等组织内寄
生

成虫在小肠内寄生

在组织内发
育成囊尾蚴

六钩蚴在
小肠内孵出

猪吞食孕
节及虫卵

虫卵

孕节

孕节及虫卵
从肛门排出

囊尾蚴在小肠内
伸出头节

图 4-16-3　猪带绦虫生活史

【处理】

建议正规医院查清病源，根据不同病源使用相对应的驱虫药治疗。

第十七节 生 殖 卫 生

由于生殖健康教育相对滞后，我国青少年普遍缺乏正确全面的生殖健康知识。性健康知识的缺乏又直接导致了未婚先孕、未婚流产、性病、艾滋病流行等问题的出现。其中大部分不良后果都由女性青少年所承担，所以在生殖卫生保健方面更多的是对女性青少年的保护。向青少年提供性与生殖健康信息和服务，不仅能增强他们对性行为的责任感，推迟他们性行为开始的年龄，而且可提高他们避孕措施的使用率并减少不安全的性行为。

【现状】

目前青少年生殖健康状况主要表现如下。

（1）性成熟提前、初次性行为提前、性行为普遍而结婚年龄推迟。

（2）非意愿妊娠与不安全流产人次每年达数百万。

（3）生殖道感染发病率不断增高，特别是宫颈癌年轻化。

（4）艾滋病、淋病、梅毒、尖锐湿疣等性传播疾病发病率增高。

由于性行为所导致的怀孕、流产及性传播疾病问题在青少年的生殖卫生中较为突出，以下具体说明。

一、性传播疾病

传统观念是指通过性交行为传染的疾病，主要病变发生在生殖器部位。包括梅毒、淋病、软下疳、性病性淋巴肉芽肿和腹股沟肉芽肿5种。1975年，世界卫生组织（WHO）把性病的范围从过去的5种疾病扩展到各种通过性接触、类似性行为及间接接触传播的疾病，统称为性传播疾病。其中包括传统的5种性病及非淋菌性尿道炎、尖锐湿疣、生殖器疱疹、艾滋病、细菌性阴道病、外阴阴道念珠菌病、阴道毛滴虫病、疥疮、阴虱和乙型肝炎等。我国目前要求重点防治的性传播疾病是梅毒、淋病、生殖道沙眼衣原体感染、尖锐湿疣、生殖器疱疹及艾滋病。

（一）常见病原体

1.病毒

可引起尖锐湿疣、生殖器疱疹、艾滋病。常见的有单纯疱疹病毒、人类乳头瘤病毒、传染性软疣病毒、巨细胞病毒、肝炎病毒、艾滋病病毒等。

2. 衣原体

可引起性病性淋巴肉芽肿、衣原体性尿道炎、宫颈炎。主要是各种血清型的沙眼衣原体。

3. 支原体

可引起非淋菌性尿道炎。包括解脲支原体、人型肺炎支原体。

4. 螺旋体

可引起梅毒的致病微生物为梅毒螺旋体。

5. 细菌

可引起淋病、软下疳。常见的有淋病双球菌、杜克雷嗜血杆菌、肉芽肿荚膜杆菌、加特纳菌、厌氧菌等。

6. 真菌

可引起外阴阴道念珠菌病。致病微生物主要为白色念珠菌。

7. 原虫和寄生虫

可引起阴道毛滴虫病、疥疮、阴虱病等。这些病原体广泛存在于自然界，在适宜的温度下生长繁殖而发病。

（二）传播途径

1. 性行为传播

同性或异性性交是性病的主要传播方式。其他性行为如口交、指淫、接吻、触摸等，也可发生感染。

2. 间接接触传播

人与人之间的非性关系的接触传播，相对来说还是比较少见的，但某些性传播疾病，如淋病、滴虫病和真菌感染等，偶尔在特定情况下可以通过毛巾、浴盆、衣服等用品传播。

3. 血源性传播

梅毒、艾滋病、淋病均可发生病原体血症，如受血者输入了这样的血液，可以发生传递性感染。

4. 母婴传播

孕妇患有梅毒时可通过胎盘感染胎儿；妊娠妇女患淋病，由于羊膜腔内感染可引起胎儿感染。分娩时新生儿通过产道可发生淋菌性或衣原体性眼炎、衣原体性肺炎。

5. 医源性传播

医务人员防护不严格而使自身感染；医疗器械消毒不严格，病原体未被杀死，再使用时可感染他人；器官移植、人工授精的操作。

6. 其他途径

如媒介昆虫、食物和水等在性病传染中意义并不重要。

（三）临床表现

性病是一组疾病的总称，其症状因病而异，感染了性病病原体后，有的人有明显的临床表现，但是也有的人没有任何表现。不同病原体引起的不同性病，临床表现各自不相同。以下简要描述常见性病的临床特征。

1. 梅毒

（1）一期梅毒主要表现为阴部出现无痛溃疡（硬下疳），通常在受感染后2～4周后开始出现。

（2）二期梅毒主要表现为皮疹和扁平湿疣以及骨关节、眼、神经、内脏等部位的病变。

（3）三期梅毒主要表现为神经、心血管和其他主要器官的严重损害症状。

2. 淋病

男性常出现尿道口溢脓，自觉尿痛、尿急、尿频或瘙痒；女性表现为外阴刺痒和烧灼感，同时伴有阴道脓性分泌物。

3. 生殖道沙眼衣原体感染

主要有尿道黏液性或黏液脓性分泌物，小便痛、下腹部疼痛或性交时疼痛。

4. 尖锐湿疣

主要表现为外阴部、阴道、宫颈等部位出现单个或多个乳头状、鸡冠状、菜花状或团块状的赘生物。

5. 生殖器疱疹

开始表现为阴部、大腿或臀部瘙痒或灼痒、疼痛。继而，阴部、臀部、肛门或身体的其他部位会出现多发性红斑、丘疹、水疱。初次发病还可伴随发热、头痛等全身症状。

（四）预防

1. 养成卫生好习惯

避免共用不洁的浴盆、坐便器、毛巾等；使用清洁的卫生巾、卫生纸；内裤单洗、勤换、日晒，不与别人混用；避免共用可能伤害皮肤的用具，如牙刷、穿耳针、文身针、刮胡刀等。

2. 采取安全性行为

性交前，双方要清洁外阴；正确使用质量可靠的避孕套。

3. 正确就医

有生殖器可疑症状时及时到正规医院就医及行人工流产术等；不轻易接受输血和血制品。

二、妊娠与流产

妊娠即怀孕，一般指从受孕至分娩的生理过程，即胚胎和胎儿在母体内发育成长的过程。成熟卵子受精是妊娠的开始，胎儿及其附属物自母体排除是妊娠的终止。流产：妊娠不足 28 周、胎儿体重不足 1 000 g 而终止妊娠者称为流产。流产分为自然流产和人工流产（图 4-17-1）。

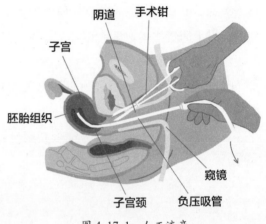

图 4-17-1　人工流产

（一）危害

青春期少男少女们的人生观、价值观、爱情观都不成熟，"流产"大都是性行为以后的意外。

（1）处理这种意外，青少年们没有思想准备、没有经验，恐惧是他们的普遍反应。况且许多流产少女都还是在校学生，对学业、生活的影响可想而知，由此带来的自杀、抑郁等社会问题也屡见报端。

（2）反复流产，一方面易造成妇女宫腔感染、盆腔炎、子宫内膜异位症，甚至输卵管阻塞；另一方面可引起月经紊乱，尤其是月经过少，点滴而净。

（3）药物流产虽然相对简单，痛苦较小，但它常存在潜在危险，即胚胎组织排出不全，宫腔内残留而引起大出血，尚需再次清宫。

（4）再次妊娠时的并发症：不孕症；晚期流产偏高；早产偏高；围产期死亡率偏高；产前、产后出血率增加；新生儿溶血症增加。

（二）预防

有效的预防就是青少年对性有一个正确的认识，不要去偷尝"禁果"。

第十八节　常见心理异常

心理异常（mental disorder）通常指包括心理疾病在内的所有不健康的心理及其倾向。心理异常分为 3 个层次。① 轻度心理异常：也称轻微心理失调，是心理活动的局部异常状态，具有明显的偶发性和暂时性。② 中度心理异常：也可称心理障碍，主要包括各种神经症和异常人格。神经症是指一组非器质性的、轻型大脑功能失调的心理疾病的总称，常见有焦虑症、恐惧症、强迫症、神经衰弱症、疑病症、癔症和抑郁性神经症等。③ 重度心理异常：指各种严重的心理疾病，主要包括各类精神病。精神病是指由于机体内外各种有害因素的作用，引起大脑功能失调，致使在感知、注意、记忆、思维、情感、意志行为等方面出现明显异常的一类精神疾病。主要表现为毁物伤人、胡言乱语、情绪不稳、意志缺乏以及离奇的幻觉、荒谬的妄想等。

下面仅介绍几种青少年常见的心理异常。

一、癔症

癔症（分离转换性障碍）是由精神因素，如生活事件、内心冲突、暗示或自我暗示，作用于易病个体引起的精神障碍。癔症的主要表现有分离症状和转换症状两种。分离是指对过去经历与当今环境和自我身份的认知完全或部分不相符合；转换是指精神刺激引起的情绪反应，接着出现躯体症状，一旦躯体症状出现，情绪反应便褪色或消失，这时的躯体症状称为转换症状，转换症状的确诊必须排除器质性病变（图 4-18-1）。

（一）发病原因

1. 生物学因素

（1）遗传背景　最早的癔症遗传学研究是克劳利斯（Kraulis）在 1931 年完成的。他调查研究了 1906～1923 年期间被克雷佩林（Kraepelin）诊断为癔症患者的所有亲属，发现患者父母中有 9.4% 曾患癔症住院；兄弟姐妹中有 6.25% 曾患癔症住院。癔症患者的父母和兄弟姐妹中分别有 1/2 和 1/3 的人有这种或那种人格障碍。

（2）素质与人格类型　通常认为，具有癔症个性的人易患癔症。所谓癔症个性即表现为情感丰富、有表演色彩、自我中心、富于幻想、暗示性高。国外还有不成熟、要挟、性挑逗等特征的描述。

图 4-18-1　癔症

（3）躯体因素　临床发现神经系统的器质性损害有促发癔症的倾向。多发性硬化、散发性脑炎、脑外伤等均可导致癔症样发作。

2. 心理因素

现代医学观点倾向于癔症是一种心因性疾病。

3. 社会文化因素

对癔症的影响作用较明显，主要表现在癔症的发病形式、临床症状等方面。

（二）癔症临床表现

【分离症状的主要表现】

（1）分离性遗忘　表现为突然不能回忆起重要的个人经历。遗忘内容广泛，一般都是围绕创伤性事件。这一遗忘的表现不能用使用物质、神经系统病变或其他医学问题所致生理结果来解释。固定的核心内容在觉醒状态下始终不能回忆。

（2）分离性漫游　伴有个体身份的遗忘，表现为突然的、非计划内的旅行。分离性漫游的发生与创伤性或无法抗拒的生活事件有关。

（3）情感暴发　很多见。表现为情感发泄，时哭时笑，吵闹，对自己的情况以夸张性来表现。发作时意识范围可狭窄。冲动毁物，伤人，自伤和自杀行为。

（4）假性痴呆　给人傻呆幼稚的感觉。

（5）双重和多重人格　表现为忽然间身份改变。比较典型的就是民间说的"鬼怪附体"。

（6）精神病状态　发病时可出现精神病性症状。与分裂症的区别主要在于幻觉和妄想的内容不太固定，多变化，并且很易受暗示。

（7）分离性木僵　精神创伤之后或为创伤体验所触发，出现较深的意识障碍，在相当长时间维持固定的姿势，仰卧或坐着，没有言语和随意动作，对光线、声音和疼痛刺激没有反应，此时患者肌张力、姿势和呼吸可无明显异常。

【转换症状的主要表现】

（1）运动障碍　可表现为动作减少，增多或异常运动。瘫痪：可表现单瘫、截瘫或偏瘫，检查不能发现神经系统损害证据；肢体震颤、抽动和肌阵挛；起立不能，步行不能；缄默症、失音症。

（2）痉挛障碍　常于情绪激动或受到暗示时突然发生，缓慢倒地或平卧在床上，呼之不应，全身僵直，肢体抖动等，无大小便失禁，大多历时数十分钟。

（3）抽搐大发作　发作前常有明显的心理诱因，抽搐发作无规律性，没有强直及阵挛期，常为腕关节，掌指关节屈曲，指骨间关节伸直，拇指内收，下肢伸直或全身僵硬，呼吸阵发性加快，脸色略潮红，无尿失禁，不咬舌，发作时瞳孔大小正常；角膜反射存在，甚至反而敏感，意识虽似不清，但可受暗示使抽搐暂停，发作后期肢体不松弛，一般发作可持续数分钟或数小时之久。

（4）各种奇特的肌张力紊乱、肌无力、舞蹈样动作，但不能证实有器质性改变。

（5）听觉障碍　多表现为突然听力丧失，电测听和听诱发电位检查正常，失声，失语，但没有声带，舌、喉部肌肉麻痹，咳嗽时发音正常，还能轻声耳语。

（6）视觉障碍　可表现为弱视、失明、管视、同心性视野缩小、单眼复视，常突然发生，也可经过治疗突然恢复正常。

（7）感觉障碍　可表现为躯体感觉缺失，过敏或异常，或特殊感觉障碍。感觉缺失范围与神经分布不一致；感觉过敏表现为皮肤局部对触摸过于敏感。

（三）癔症的特殊表现形式

1.流行性癔症

流行性癔症即癔症的集体发作，多发于共同生活且经历、观念基本相似的集体中。起初有一人发病，周围人目睹受到感应，通过暗示，短期内呈暴发性流行（图4-18-2）。

2.赔偿性神经症

在工伤、交通事故或医疗纠纷

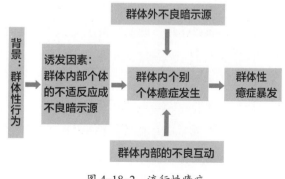

图4-18-2　流行性癔症

中，受害者有时会故意显示、保留或夸大症状，如处理不当，这些症状往往可持续很久。有人认为，这属于癔症的一种特殊形式。

3.职业性神经症

职业性神经症是一类与职业活动密切相关的运动协调障碍，如舞蹈演员临演时下肢运动不能，教师走上讲台时失声等。

4.癔症性精神病

在精神刺激后突然起病，主要表现为意识蒙眬、漫游症、幼稚与紊乱行为及反复出现的幻想性生活情节，可有片段的幻觉、妄想。自知力不充分，对疾病泰然漠视。此病一般急起急止，病程可持续数周，其间可有短暂间歇期。缓解后无后遗症状，但可再发。

（四）癔症治疗

1.心理治疗

癔症的症状是功能性的，因此心理治疗占有重要的地位。心理治疗中，注意以下几点：① 建立良好的医患关系，给予适当的保证，忌讳过多讨论发病原因。② 检查及实验室检查尽快完成，只需进行必要的检查，以使医生确信无器质性损害为度。③ 以消除症状为主。主要采用个别心理治疗、暗示治疗、系统脱敏疗法等。

2.药物治疗

目前尚无治疗分离转换性障碍的特效药物，主要采用对症治疗。

（五）癔症预后

癔症的预后一般较好，60%～80% 的患者可在一年内自行缓解。大多急性发作的患者经过行为治疗、心理治疗、社会支持治疗症状可缓解。但慢性患者预后通常不佳，少数患者若病程很长，或经常反复发作，则治疗比较困难。具有明显癔症性格特征的患者治疗也较困难，且易复发。极个别表现为瘫痪或内脏功能障碍的患者，若得不到及时恰当的治疗，病程迁延，可能严重影响工作和生活能力。

（六）癔症预防

分离转换性障碍是一类易复发的疾病，及时消除病因，使患者对自身疾病性质有正确的了解，正视自身存在的性格缺陷，改善人际关系，对于预防疾病复发有一定帮助。如果患者长期住院治疗或在家休养，家属对患者的非适应性行为经常给予迁就或不适当强化，均不利于患者康复。

二、抑郁

抑郁是一种心理行为，通常表现为抑郁症，是精神科自杀率最高的疾病。抑郁症发病率很高，几乎每10个成年人中就有2个抑郁症患者，因此它被称为精神病学中的感冒。抑郁症目前已成为全球疾病中给人类造成沉重负担的第二位重要疾病，对患者及其家属造成的痛苦，对社会造成的损失是其他疾病所无法比拟的。抑郁症是一种常见的情绪性心理障碍，以情绪低落为主要特征，从情绪的轻度不佳到严重的抑郁，人一生中遭遇的概率至少有15%。

（一）发病原因

1. 人格特征

人格特征是造成抑郁症的一个重要因素，抑郁患者对自己、对世界的看法常常很悲观，不注意好的事情，对坏的事情特别专注。有些人虽然没有抑郁但倾向于用这种悲观的方式看问题，换句话说，他们可能有抑郁人格。有这种人格特点的人发生抑郁症的危险性较高。

2. 生理因素

临床医学的一个假说认为，抑郁症患者脑中化学物质失去平衡，从而导致抑郁，给患者抗抑郁药或其他药物，恢复平衡，从而改善抑郁的躯体表现（图4-18-3）。

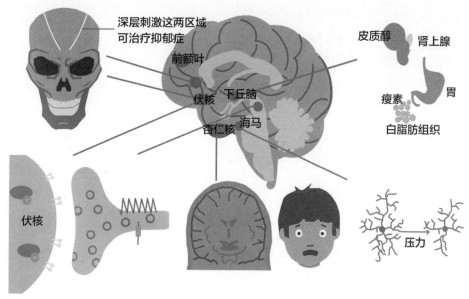

图 4-18-3　抑郁生理因素

3. 应激性生活事件

与他人的冲突、经济困难、退休、失业、生小孩、孤独、失去亲人或失去重要的东西等不愉快的生活事件，都会使易感者发生抑郁或使抑郁加重。抑郁反应常常延迟发生，有时在生活事件发生几个月后才出现。

4. 遗传因素

抑郁症有家族聚集性，有遗传倾向。单卵双生子研究显示，双生子的一方发生抑郁症，其同胞发生抑郁症的危险性高达 70%。

5. 可能由躯体疾病或药物所致

腮腺炎、流感、肝炎、甲状腺病变、贫血、糖尿病、避孕药、酒或其他精神活性物质滥用、心脏病、高血压等疾病都会引发抑郁症状。为此，临床诊断抑郁症应该进行体检，以排除这些原因。

（二）青少年抑郁症

青少年抑郁症会导致学生产生学习困难，注意力涣散，记忆力下降，成绩全面下降或突然下降，厌学、恐学、逃学或拒学。

（三）主要症状

【三大症状】

抑郁症与一般的"不高兴"有着本质区别，它有明显的特征，综合起来有三大主要症状，就是情绪低落、思维迟缓和运动抑制。

（1）情绪低落就是高兴不起来、总是忧愁伤感、甚至悲观绝望。《红楼梦》中整天皱眉叹气、动不动就流眼泪的林黛玉就是典型的例子。

（2）思维迟缓就是自觉脑子不好使，记不住事，思考问题困难。患者觉得脑子空空的、变笨了。

（3）运动抑制就是不爱活动，浑身发懒，走路缓慢，言语少等。严重的可能不吃不动，生活不能自理。

【其他症状】

具备以上典型症状的患者并不多见。很多患者只具备其中的一点或两点，严重程度也因人而异。心情压抑、焦虑、兴趣丧失、精力不足、悲观失望、自我评价过低等，都是抑郁症的常见症状，有时很难与一般的短时间的心情不好区分开来。这里向大家介绍一个简便的方法：如果上述的不适早晨起来严重，下午或晚上有部分缓解，那么，你患抑郁症的可能性就比较大了。这就是抑郁症所谓昼重夜轻的节律变化。

【最危险的症状】

抑郁症患者由于情绪低落、悲观厌世。严重时很容易产生自杀念头。自杀是抑郁症最危险的症状之一。据研究，抑郁症患者的自杀率比一般人群高 20 倍。社会自杀人群中可能有一半以上是抑郁症患者。有些不明原因的自杀者可能生前已患有严重的抑郁症，只不过没被及时发现罢了。由于自杀是在疾病发展到一定的严重程度时才发生的。所以及早发现疾病，及早治疗，对抑郁症的患者非常重要。不要等患者已经自杀了，才想到他可能患了抑郁症。

【隐匿性抑郁症】

它是一种不典型的抑郁症，主要表现为反复或持续出现各种躯体不适和自主神经症状，如头疼、头晕、心悸、胸闷、气短、四肢麻木和恶心、呕吐等症状，抑郁情绪往往被躯体症状所掩盖，故又称为抑郁等位症。病人多不找精神科医生，而去其他科就诊。躯体检查及辅助检查往往无阳性表现，易误诊为神经症或其他躯体疾病。对症治疗一般无效，抗抑郁治疗效果显著。

（四）治疗方法

1. 心理治疗

国际上抑郁症的治疗，短程以认知行为治疗为主，中程以时限心理动力疗法为主，长程主要是精神分析式的心理咨询和心理治疗。一个好的心态和心理素质就比较容易承受住心理和精神上的压力。因此抑郁症的治疗从根源上是对性格和心态上的调整。

2. 药物治疗

许多种类抗抑郁药物和心理治疗都可以治疗抑郁症。抑郁症首先要使用抗抑郁的药物，坚持服用一段时间以后，再配合心理医生进行心理治疗。进行心理治疗的过程中还是要坚持服药。一般来说，抑郁症确诊后第一次患病如果坚持用药 5 年以上是可以治愈的。

3. 自我治疗

（1）做最感兴趣的事

如果事业上没有获得成功，想办法增进自己的技能，从最感兴趣的事入手；或者再寻找其他成功的机会。有计划地做些能够获得快乐和自信的活动，尤其在周末，譬如打扫房间、骑赛车、写信、听音乐、逛街等。另外，生活正常规律化也很重要。尽量按时吃饭，起居有规律，每天安排一段时间进行体育锻炼。参加体育锻炼可以改善人的精神状态，提高自主神经系统的功能，有益于人的精神健康。

（2）广交良友

经常和朋友保持交往的人，其精神状态远比孤僻独处的人好得多，尤其在境况不佳时，"朋友是良医"。交朋友首先是可以倾诉衷肠的知心，还要结交一些饶有风趣、逗人发笑、使人愉快的朋友。养成和朋友经常保持接触的习惯，这样可以避免和医治孤独和离异感，减轻抑郁症状。

（五）预防常识

预防本病的关键是认识忧郁，及时医治。

三、焦虑

焦虑（anxiety）是指由于情绪或心理上产生内在冲突，进而引发非理性的忧虑或恐惧感受。焦虑可能在特定情况下产生；也有可能是惯性或是常见与普遍的一种感受（图4-18-4）。

图4-18-4 焦虑

焦虑是最常见的一种情绪状态，比如快考试了，如果你觉得自己没复习好，就会紧张担心，这就是焦虑。这时，通常会抓紧时间复习应考，积极去做能减轻焦虑的事情。这种焦虑是一种保护性反应，也称为生理性焦虑。当焦虑的严重程度和客观事件或处境明显不符，或者持续时间过长时，就变成了病理性焦虑，称为焦虑症状。符合相关诊断标准的话，就会诊断为焦虑症。焦虑症很常见，国外报告一般人口中发病率为4%左右，占精神科门诊的6%～27%。美国估计正常人群中终身患病概率为5%，国内发病率较低，平均为7‰。常于青年期起病，男女之比为2∶3。

（一）病因

病因未明，不同学派有不同解释。

1. 遗传因素

在焦虑症的发生中起重要作用，其血缘亲属中同病率为15%，远高于正常人，双卵双生子的同病率为2.5%，而单卵双生子为50%。有人认为焦虑症是环境因素通过易感素质共同作用的结果，易感素质是由遗传决定的。

2. 病前性格特征

自卑、自信心不足，胆小怕事，谨小慎微，对轻微挫折或身体不适容易紧张，焦虑或情绪波动。

3. 精神因素

轻微的挫折和不满等精神因素可为诱发因素。

4. 生物学因素

焦虑反应的生理学基础是交感和副交感神经系统活动的普遍亢进，常有肾上腺素和去甲肾上腺素的过度释放。躯体变化的表现形式决定于患者的交感，副交感神经功能平衡的特征。

（二）临床表现

起病可急可缓，病前常有心理或躯体方面的诱因。

1. 急性焦虑症，又称惊恐发作（panic attack）

突然出现强烈恐惧，伴有自主神经功能障碍为主要表现。患者突然恐惧，犹如"大难临头""死亡将至""失去自控能力"的体验，而尖叫逃跑、躲藏或呼救。可伴有呼吸困难、心悸、胸痛或不适、眩晕、呕吐、出汗、面色苍白、颤动等。每次发作持续数小时，一月可数发，间歇期可无明显症状。

2. 慢性焦虑症，又称普遍性焦虑或广泛性焦虑症（generalized anxiety）

是一种自己不能控制的，没有明确对象或内容的恐惧，觉得有某种实际不存在的威胁将至，而紧张不安、提心吊胆样的痛苦体验。还伴有颤动等运动性不安，胸部紧压等局部不适感及心慌、呼吸加快、面色苍白、出汗、尿频、尿急等自主神经功能亢进症状。

（三）焦虑危害

1. 身体紧张　焦虑症患者常常觉得自己不能放松下来，全身紧张。他面部绷紧，眉头紧皱，表情紧张，唉声叹气。

2. 过分机警　患者每时每刻都像一个放哨站岗的士兵对周围环境的每个细微动静都充满警惕。由于他们无时无刻不处在警惕状态，影响了他们干其他所有的工作，甚至影响他们的睡眠。

3. 对未来莫名的担心　焦虑症患者总是为未来担心。他们担心自己的亲人、自己的财产、自己的健康。

4. 自主神经系统反应性过强　患者的交感和副交感神经系统常常超负荷工作。患者出汗、晕眩、呼吸急促、心动过速、身体发冷发热、手脚冰凉或发热、胃部难受、大小便过频、咽喉有阻塞感。

（四）焦虑药物治疗

焦虑一般是心理方面的因素造成的。首选药物治疗，须在专业医师的指导下进行。

（五）自我治疗

对于焦虑性神经症的治疗主要是以心理治疗为主，当然也可以适当配合药物进行综合治疗。

1. 增加自信

自信是治愈神经性焦虑的必要前提。一些对自己没有自信心的人，对自己完成和应付事物的能力是怀疑的，夸大自己失败的可能性，从而忧虑、紧张和恐惧。作为一个神经性焦虑症的患者，你必须首先自信，减少自卑感。应该相信自己，每增加一次自信，焦虑程度就会降低一点，恢复自信，也就是最终驱逐焦虑。

2. 自我松弛

自我松弛也就是从紧张情绪中解脱出来。比如：你在精神稍好的情况下，去想象种种可能的危险情景，让最弱的情景首先出现。并重复出现，你慢慢便会想到任何危险情景或整个过程都不再体验到焦虑。此时便算终止。

3. 自我反省

有些神经性焦虑是由于患者对某些情绪体验或欲望进行压抑，压抑到无意中去了，但它并没有消失，仍潜伏于无意识中，因此便产生了病症。发病时你只知道痛苦焦虑，而不知其因。因此在此种情况下，你必须进行自我反省，把潜意识中引起痛苦的事情诉说出来。必要时可以发泄，发泄后症状一般可消失。

4. 自我刺激

焦虑性神经症患者发病后，脑中总是胡思乱想，坐立不安，百思不得其解，痛苦异常。此时，患者可采用自我刺激法，转移自己的注意力。如在胡思乱想时，找一本有趣的能吸引人的书读，或从事紧张的体力劳动，忘却痛苦的事情。这样就可以防止胡思乱想再产生其他病症，同时也可增强你的适应能力。

5. 自我催眠

焦虑症患者大多数有睡眠障碍，很难入睡或突然从梦中惊醒，此时你可以进行自我暗示催眠。如：可以数数，或用手举书本读等促使自己入睡。

四、狂躁

狂躁是以病理性情绪高涨为特征的一种精神症状，表现为情绪高涨、易激惹、思维加速、语言动作增多等（图 4-18-5）。

图 4-18-5　狂躁

（一）原因与分类

狂躁可由多种原因引起，如脑部病变、药物、精神疾病、情绪障碍等。

1. 躯体疾病所致　许多躯体疾病可出现狂躁的表现，如脑血管疾病、头部外伤、脑肿瘤、全身或中枢神经系统的感染、狂犬病、甲亢等。

2. 精神活性物质和非依赖性物质所致　精神活性物质是指摄入人体后影响思维、情感、意志行为等心理过程的物质，如酒精、巴比妥类、苯二氮䓬类、阿片类。非依赖性物质，如皮质激素、异烟肼、一氧化碳等中毒可引起狂躁状态。

3. 由遗传、体质、中枢神经介质的功能及代谢异常等因素所致的躁狂症　是躁狂抑郁症的一种发作形式。

4. 精神分裂症的一种类型　躁狂型精神病，除有狂躁的表现外，常有精神病的其他表现。

（二）临床表现

1. 狂躁发作的一般临床表现

（1）情绪方面　一般有显著而持续的情绪高涨状态，与所处的环境不相称。

（2）思维方面　思维联想明显加快，思潮汹涌、言语增多、语声高亢，甚至言语速度跟不上思想速度，所以言语呈跳跃式，很快从一个主题跳到另外一个主题，使人听不清楚要领。

（3）行为方面　表现为精神运动兴奋。

（4）感知方面　感觉一般正常，可以过度敏感。

（5）躯体方面　对躯体自我感觉非常好，神采奕奕、面色红润、食欲旺盛、精力充沛、目光炯炯有神。

2. 不同原因所致的狂躁发作，其临床表现也会有所不同

躯体疾病所致的狂躁，一般起病较急，多发生在躯体病高峰期，与原发躯体疾病在程度上常呈平行关系，其临床表现也随躯体病的严重程度变化而转变。药物、酒精所致狂躁发作，常有饮酒或长期反复使用精神活性物质或其他药物等的历史。躁狂症的狂躁主要表现是情绪高涨、兴奋多语、思维加速、语言动作增多等。

（三）预防

1. 躯体疾病所致的狂躁发作预防

主要是防止身体上的各种原发病。

2. 精神活性物质和非依赖性物质所致狂躁发作的预防

（1）加强卫生宣传，要文明饮酒，不劝酒，不酗酒，不空腹饮酒，不喝闷酒，避免以酒代药导致酒瘾。

（2）严格执行药政管理法，加强药品管理和处方监测，严格掌握成瘾药物的临床应用指征。

（3）控制对成瘾药的非法需求，打击非法种植和贩运毒品，提倡生产低度酒、水果酒，减少生产烈性酒，打击非法造酒等。

（4）加强心理咨询和健康教育，重点加强对高危人群的宣传及管理。

3. 躁狂症狂躁发作的预防

有遗传史的人群必须时刻备有预防意识，警惕病情发作，从小培养开朗、豁达、容纳的性格，有效预防躁狂症的发生。

（1）凡事往好处想

对于狂躁症患者来说，他们的心胸不一定是狭隘的，也有可能是生理上的原因造成的。一般来说他们表面上似乎对什么都满不在乎，不过，一旦遇到了一点儿小的不如意，他们马上就大发雷霆、怒火中烧。因此，狂躁症的患者一定要学做一个豁达的人，凡事多往好处想想，多想一些积极的方面。

（2）改造家庭环境

兴奋躁动的患者，不宜居住在家庭生活无规律或家人不和睦的家庭中。房间的色彩宜用冷色调，如绿、蓝色为好，房间布置也以简单、清雅为好。

（3）家中尽量保持安静

尽量少接待客人，如聚餐、聚会等。听音乐时也应尽量放些节奏舒缓的小夜曲或轻音乐，不宜放节奏过于激烈欢快的乐曲，以免引起患者兴奋。

（4）提高个性修养

狂躁症的发病通常是不受本人控制的，这跟他们平时的一些品质习惯也是有很大的关系的，因为狂躁症患者大多数都是一些脾气暴躁、霸道、易冲动的人。所以，狂躁症患者要从提高自身个性修养开始，让自己养成良好的心性和品质，戒骄戒躁，让情绪总是处于一种稳定、安静的状态。

（5）增加娱乐活动

一般兴奋性较高的狂躁症患者，可以在家里搞清洁卫生、整理内务、洗衣服、种花、种菜等，使精力和体力得到一定的宣泄和消耗。另外，也可根据个人的爱好，做一些文娱活动，如下棋、绘画、书法、唱歌。

（6）集中精力做事

有狂躁症的人，做事情的时候往往是心不在焉，毛毛躁躁的，明明正在做这件事，可是心却早已跑到另外一件事上去了。结果，这件事没有做好，只会变得更加狂躁不安。所以狂躁症的患者还要注意集中精力做事，即使偶尔思想开小差，也要努力把思想再拉回到这件事上。

五、自杀

自杀是指个体蓄意或自愿采取各种手段结束自己生命的行为（图4-18-6）。

（一）自杀的心理与社会原因

心理和社会因素在自杀死亡原因中的重要性相当，但在自杀未遂原因中社会因素相对更为重要。与国外研究结果相似，情感障碍主要为抑郁症，是与自杀密切相关的精神疾病；到目前为止，在中国，家庭矛盾是与自杀相关的

图4-18-6 自杀

最重要的社会因素。

（二）自杀的传染性

1. 在有关自杀的研究中，自杀的传染性是一个受重视的现象。不少研究都介绍过因影视、广播等媒体详尽报道一些自杀事件，而使社会上自杀或企图自杀者增加的事实。

2. 研究表明，自杀的模仿性现象及潜意识引导确实存在。

（三）自杀的预防

世界预防自杀日：2003 年 9 月 10 日是世界卫生组织和国际自杀预防协会共同确定的全球第一个"预防自杀日"。自杀的干预主要在预防，预防自杀可分为三级，即一级预防、二级预防和三级预防。

1. 一级预防

主要是指预防个体自杀倾向的发展。一级预防的主要措施有管理好农药、毒药、危险药品和其他危险物品，监控有自杀可能的高危人群，积极治疗自杀高危人群的精神疾病或躯体疾病，广泛宣传心理卫生知识，提高人群应付困难的技巧。

2. 二级预防

主要是指对处于自杀边缘的个体进行危机干预。通过心理热线咨询或面对面咨询服务帮助有轻生念头的人摆脱困境，打消自杀念头。

3. 三级预防

主要是指采取措施预防曾经有过自杀未遂的人再次发生自杀。

（四）对自缢自杀者的救助

1. 脱开缢套　发现自杀者吊于高处，应马上抱住身体向上抬高，解除绳套。如自杀者是平卧的，也应立即解开绳套。

2. 抢救　将自杀者平放取仰卧位，进行人工呼吸和体外心脏按压。

3. 加强护理　自杀者复苏后应注意观察体温、脉搏、呼吸及血压的变化，在其清醒之后要应给予心理安慰。

（五）对切刺自杀者的救助

切刺自杀就是用刀子等锐器自杀。对这类自杀者应迅速止血。初步止血后应送医院做进一步处理。

（六）对头部撞击自杀者的急救

发现这类自杀者应迅速送医院。遇有开放性骨折，不可将露出伤口的骨端复位，以免造成神经、血管的损伤。条件不允许处理伤口时，要先用无菌纱布覆盖伤口。如需搬运或转送，必须先行固定、止痛。

（七）对农药自杀者的救助

这类农药有六六六、滴滴涕、氯丹等。一般口服中毒者在短时间内出现轻度中毒，表现为头晕、头痛、全身无力、出汗、恶心，视物不清及肌肉震颤；中度中毒表现为呕吐、腹痛、全身抽搐震颤、视物模糊及呼吸困难；重度中毒表现为舌唇麻木、面部麻木、发烧、多汗、血压下降、心律不齐、心动过速、全身青紫、呼吸极度困难，还会出现中枢神经系统症状，晚期可出现无力性麻痹、强直性痉挛，严重中毒者可在1～2 h内死亡。对农药自杀者应采取以下抢救措施。

（1）早期发现中毒者的人在将其送医院前应尽量发现、查找并带上中毒农药的包装瓶或有关容器，另可根据中毒者口中的气味辨别中毒物的种类，如有机磷杀虫剂中毒，中毒者口中有大蒜味。

（2）清除毒物，防止继续吸收。可让轻度中毒且有意识者喝淡肥皂水催吐。对有机磷中毒者应灌服500～1 500 ml 1%～5% 浓度的碳酸氢钠水（注：对敌百虫中毒者不可灌服碳酸氢钠）。各类中毒者均应在4 h内送医院洗胃（但不包括强酸强碱或其他腐蚀剂中毒者），然后进行解毒处理。

（八）对催眠及镇静药物自杀者的抢救

这类药物主要分苯二氮䓬类（地西泮及地西泮的化合物）、氯丙嗪类（氯丙嗪、奋乃静）两类。过量服用这类药物可引起中毒死亡。遇到这类中毒者应正确判断毒物的种类、数量、服毒的时间，及时抢救。应进行洗胃或导泻，洗胃的溶液应视毒物的种类而定，及时送医给予治疗。

（九）对跳楼自杀者的救助

拯救关键：止血、骨折固定、维持正常呼吸。具体方法参见有关章节。

（十）对触电自杀者的救助

具体见有关章节。

（十一）对煤气中毒自杀者的救助

具体见有关章节。

（十二）对溺水自杀者的救助

拯救关键：恢复心跳呼吸。具体见有关章节。

六、校园暴力

校园暴力主要指包括校园凶杀，肉体伤害等一系列对学生身体及精神达到某种严重程度的侵害行为。力量暴力在校园暴力现象中最为普遍。力量暴力表面上对受害学生的身体造成很大的危害，很有可能让受害者残废，甚至死亡。但除了身体上的伤害，更大的是精神上的伤害。同时，对施暴者也有极其严重的影响，对他们的心灵成长增添了大量的阻力，很有可能

图 4-18-7　校园暴力

导致他们成人后走上犯罪的道路，这些人很难获得社会（主要是学校和家庭）的认可，社会归属感长期得不到满足。心理暴力主要指包括孤立，侮辱人格等一系列对学生的精神造成某种严重程度的侵害行为。心理暴力的问题常被忽略，但其危害又非常大。心理暴力可能无处不在，而且任何学生和老师都可能成为施暴者。心理暴力的危害是潜在持久的，让学生无法对自己建立正确的认知，无法树立正确的人生观和价值观，影响到他们以后的社交能力。同时对社会，对人性也无法建立正确的认知，严重的也可能导致受害学生患上抑郁症，及社交恐惧症等（图 4-18-7）。

（一）家庭对校园暴力形成的影响

一个人的人格是否能够健康地形成与家庭有很大关系。家庭是青少年走向生活的起点，是人生的第一课堂。因此家庭是校园暴力形成的起源，主要可以从以下 2 个方面体现：

（1）家庭构成

家庭作为社会生活的独立单位，其本身具有一定的内部结构，不同的家庭结构，会

在各项家庭职能的发挥上有所差异，就子女的教育来说，一个理想的家庭应该是父母健在，并且能对子女负起养育责任的家庭。一旦家庭的这种完整性受到破坏，如父母故亡，父母病残，父母离婚，家庭教育职能往往就会减弱。在这种家庭中成长的孩子，大多人格发展都很不完善，性格孤僻、冷漠、偏激，容易冲动，在学校里很难和同学相处，暴力发生在他们身上也变得很自然了。

（2）家长素质

家长是家庭生活的主持人，是子女的直接榜样，家长素质好坏，关系到家庭的幸福和子女的成长。在有些家庭中，父母缺少道德修养，政治觉悟低，经常对社会，对现实流露出不满情绪，这些反社会情绪直接影响到孩子身上。

（二）暴力的危害

1.严重影响学生的正常学习

经常受到校园暴力侵害的学生整日生活在暴力的阴影当中，学习成绩一般都下降严重。甚至有些学生由于受到严重伤害不得不住院治疗或者休学，正常的学习被迫中断。而对于老师实施的暴力侵害行为，一般都会导致受到伤害的学生畏惧学校，不愿意再去上学。

2.影响学生身心的健康发展，导致不健全人格的形成

这种危害不仅体现在受害者身上，施暴者的身心同样不能得到健康发展。对受害者，有可能导致其缺乏信心和勇气，自卑，逃避人群，孤僻，偏激。对施暴者，有可能导致其形成反社会人格，走上犯罪道路。

3.破坏了社会秩序，使人们对法律失去信心

尽管我们一直在强调要对青少年加强法制教育，使青少年从小知法、守法，懂得用法律武器保护自己，但如果这种校园暴力的状态得不到有效改善，学生受到严重侵害而感受不到法律的作用，那么不但受害者本人会对法律失去信心，就连他们的家人、同学等也会对法律失去信心，最终导致我们的法制宣传事倍功半。

（三）校园暴力的预防

（1）给孩子的穿戴和学习用品尽量低调，不要过于招摇。

（2）教育自己的孩子不要去挑逗比较霸道和强悍的同伴；在学校不主动与同学发生冲突，一旦发生及时找老师解决。

（3）教育孩子上下学和活动时尽可能结伴而行；独自出去找同学玩时，不要走僻静、人少的地方；不要天黑再回家，放学不要在路上贪玩，按时回家。

（4）如果侵犯者偷你孩子的东西，就给孩子要带到学校去的学习、生活用具上贴上姓名。这样有利于证明这些物品都是属于你的孩子的，甚至可能起到防止侵犯的作用。

（5）教育孩子，如果他在某些方面与别人不一样，这也没有什么关系。尽早地让孩子明白这一点，孩子会形成坚实的自我价值感，会认同自己，感到自己也同样值得尊重。

（6）让孩子参加自卫训练。你也许并不希望孩子对侵犯者实施身体上的报复，但情况一旦恶化，让孩子有自我保护的能力总是好的。这些训练还可以大大提高孩子的自我尊严，减少他成为受欺负者的可能。

（7）如果欺负仅仅是口头或网络上的，告诉你的孩子不要理会那个侵犯者。有时候，侵犯者在得不到回应或是被欺负者并未因此而担惊受怕的情况下，他们往往会失去兴趣，事情就过去了（当然，但愿他们不是继续去搜寻下一个目标）。如果情形继续，让你的孩子告诉侵犯者，他给别人带来的感受是什么，并且要求他停止他的粗暴行为。有些侵犯者面临挑战时，会收敛和停止自己的错误行为。

（8）如果遇到校园欺凌，首先可以大声警告对方，他们的所作所为是违法违纪的，会受到法律纪律严厉的制裁，会为此付出应有的代价。

（9）如果遇到校园暴力，一定要沉着冷静，采取迂回战术，尽可能拖延时间。人身安全永远是第一位的，不要去激怒对方。受到这种暴力以后，很多人都是被威胁报案的话会受到报复，但还是应该告诉孩子，碰到这种事情一个是不要沉默，再一个是不要再以暴制暴，要以法律的方式来解决。

（10）事情发生后，父母有必要保持冷静，并把发生的情况告诉孩子的老师、咨询员、园长或校长。可以先问问孩子是愿意自己去告诉，还是由你去告诉。严重的暴力行为应以法律方式来维护自身权益。

第十九节　吸　烟

在我国，未成年人吸烟率呈上升趋势，且开始吸烟的年龄在下降，每天有 8 万左右青少年成为长期烟民。这种状况不但影响了孩子的健康成长，而且严重影响我国整体国民身体素质的提高，所以未成年人吸烟问题越来越引起社会的广泛关注（图 4-19-1）。

（一）青少年吸烟的常见原因

1. 对偶像的模仿心理

不少青少年对偶像有崇拜心理，如对家长、老师、名人、明星等的言行举止进行模仿，尤其是模仿偶像吸烟时的姿势，认为这样可以与偶像的距离拉近了，而且使自己也有趋于"成熟"的感觉，于是学会了吸烟。

2. 交往心理

在社会风气影响下，为了联络感情，相互敬烟成为习惯，学生认为烟可以使人与人之间能产生亲近感。

图 4-19-1　拒绝吸烟

3. 对压力的反抗心理

青少年思想比较单纯，充满幻想，有较强的进取心和自尊心，另一方面又显示出幼稚，缺乏判断力和自制力。当面对超出承受能力的作业量，无须解释的强制性命令，不切实际的过高要求，受批评时的冤枉和申辩带来的训斥时，若没有人理解他、帮助他，那么学生就会由此产生紧张、恐惧的心理。为了逃避现实，寻求解闷的途径，他们便把吸烟作为一种新的尝试，想从中得到精神上的解脱。

4. 强烈的好奇心理

青少年学生具有强烈的好奇心，对新事物和行为都有很大的诱惑力，对吸烟的行为也是如此。他们有想试试看的心理，看到成年人叼着烟，火光一闪一闪地吐出白烟的姿态，觉得好不自在，以为吸烟可能有着无穷的乐趣，所以想亲自品尝一下这吞云吐雾的感觉。

（二）吸烟的危害

【对精神的危害】

吸烟的孩子不一定都犯罪，但是犯罪的孩子几乎都吸烟。由于未成年人无经济来源，为了达到吸烟的目的，他们会想方设法去搞钱，容易诱发盗窃、抢劫等犯罪行为的发生。有些未成年人犯罪，恰恰是从吸第一支烟开始的。未成年人吸烟还容易诱发不良交友，一些学生三五成群地在一起吸烟，并以此为乐，来对抗家庭、学校、社会的正面教育。此外，吸烟的未成年人还容易被社会上的不法分子利用，走上违法犯罪的道路。

【对身体的危害】

一支香烟内包括了超过 4 000 种不同的化学物质（图 4-19-2），其中有 43 种是致癌物质，所以每吸一支烟，亦同时吸入这 4 000 种化学物质，令寿命缩短 5～15 min。以下列出了香烟的几种主要成分对身体的影响。

1. 尼古丁

（1）导致上瘾的成分。

（2）每支烟含 1~1.5 mg 尼古丁，其中 24% 由吸烟者抽烟时直接吸收，如同时间吸入 60~70 mg 会引致死亡。

（3）尼古丁使血液黏性增加，胆固醇积聚于血管内，增加血管闭塞的机会。

（4）血压上升，心跳加速。

（5）胃酸分泌增加，吸烟者容易患上胃溃疡。

（6）阻碍氧气的输送。

2. 一氧化碳

（1）一氧化碳减慢血液循环，令脂肪积聚、血管闭塞，增加冠心病的机会。

（2）长期吸入的一氧化碳会使血液中的氧气含量下降，减低运动力和加速衰老。大量吸入可导致心脏、脑部等器官出现缺氧情况。

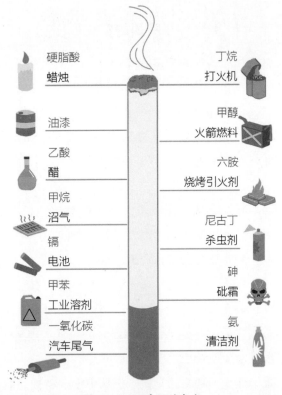

图 4-19-2　香烟的成分

3. 焦油

（1）烟屎牙（牙齿变黄）、手指变黄。

（2）痰多、咳嗽。

（3）气管组织失去排除废物的功能，增加肺部感染的机会。

（三）吸烟的预防

1. 开展吸烟危害健康的讲座

在目前的教学环境中，少而精的教学受欢迎，不宜让预防吸烟教学占过多的时间，故开展讲座就是最好的选择。讲座首先使学生了解吸烟危害健康理论知识，使之在预防吸烟行动中有指导，有理论可依，让其能在生活中不被周围人的吸烟行为蛊惑。

2. 播放视频

坚持正面教育，解决行为问题。视频录像是很好的方法，也是短时间内传达大量信息的有效途径，且其中大量生动具体的事例是讲座无法提供的。

3. 开展主题班会，落实班主任职责

主题班会的开展，将"以班级为单位，以班主任工作为中心"的策略进行贯彻实施。有利于实现预防学生吸烟活动的系统管理；也有利于同学之间的相互督促，将学生和行为的关系拉得更近；有利于干预学生吸烟行为。

4. 发放传单

发放传单将学生切实地加入预防吸烟的工作中来。

5. 干预伙伴行为

多项调查结果都认为伙伴行为影响是影响学生吸烟的最主要因素。因此，伙伴干预这一因素，应当是预防学生吸烟的重点。

6. 协调社区配合

预防吸烟，只有学校的行动是不够的，要达到明显效果，必须有社区的参与。

（四）吸烟的解决方法

1. 在戒烟前期的数周，尽量多吃你想吃的食物及饮料 你的胃口几乎一定会变得好起来。当你觉得紧张及不安时（戒除一种成瘾习惯时的自然结果），你常会被逼去找点东西来啃啃咬咬，因此，你的体重可能会增加。戒烟的前四周是最困难的。大约过了八周之后，你对香烟的强烈渴求感会消失，此时，你可以开始减少零食了。

2. 分析你的吸烟习惯 把你通常在 24 h 期间所吸的每一支香烟及你几乎是自动点烟的时间（如每喝一杯咖啡就点一支烟，饭后一定来一支烟），登记在一张表上。花上两、三周时间去研究，在什么时候及为什么你需要吸烟，这样你才会对自己所抽的每一口烟加以注意。这会使你愈来愈关心你的吸烟动作，有助于为戒烟做好准备。

3. 在最初的戒烟困难期内，你可尽量使用任何代替香烟的东西 嚼口香糖或者戒烟贴都有帮助。如果你手指缝间不夹支香烟就觉得很空虚的话，那你就夹支铅笔或钢笔。放弃（至少是暂时放弃）你的一些与吸烟有关联的活动对戒烟也有帮助。例如，如果你在居家附近的酒吧里喝酒时，会习惯性地点上一支烟，那你就暂时不要去酒吧。避开对吸烟有鼓励作用的情况。例如，坐火车、公共汽车及飞机旅行时，选择坐在非吸烟区，这对戒烟也有帮助。

4. 你要享受不吸烟的乐趣 别忘记，你不吸烟，每周就可省下几十元钱。你可以将原本用来买烟的钱省下来，去买一样你本来无力购买的东西，作为对自己的奖励。

5. 下定决心，永不再回头 把你为什么要戒烟的理由都写下来，其中包括戒烟后有哪些好处在内。例如，戒烟后你吃东西会更好地品尝滋味、早晨不再咳嗽等。在你实际行动之前，应使你自己相信，戒烟是值得一试的事情。

6. 在日历上圈选一个日子，在这一天完全不再吸烟 这是最为成功的办法，而且是痛苦最少的戒除吸烟的方法。如果家人或好友能跟你一起行动，在同一个时候戒烟，在戒烟期前几天最困难的日子里，互相支持，抵抗烟瘾，这对戒烟是很有好处的。你也可选择在由于别的原因而改变日常生活时（例如就在你去度假的时候）戒烟。有些吸烟者发现，以小题大做的方式向所有的人宣布自己要戒烟了，这很有帮助。这可成为你在意志衰弱时而不屈服的一件值得骄傲的事情。

第二十节 醉 酒

饮酒是青少年中常见的不良习惯，不仅会危害身体健康，而且会增加其他不良行为的发生。青少年饮酒行为常常与吸烟、吸毒、暴力等问题行为密切综合相关联，是一种与故意伤害及意外伤害的发生率和死亡率相关的主要危险因素之一，也是其他影响健康危险行为的早期征兆。青少年开始饮酒的年龄越小，成年后越容易出现酗酒、酒精依赖、吸毒和高危性行为等问题，也更容易出现与饮酒相关的意外伤害。

（一）临床表现

青少年规律酗酒的情况较少出现，一般都是在和同学、朋友聚会时出现饮酒过量的行为，容易出现急性乙醇中毒。在大量饮酒后出现头晕、头痛、呕吐、意识障碍，甚至会出现呼吸衰竭等。具体的临床上可以分为兴奋期、共济失调期、昏迷期三期。

1. 兴奋期 表现为头痛、欣快感、健谈、情绪不稳定、易激怒，有时可沉默、孤僻或入睡。

2. 共济失调期 表现为言语不清、视物模糊，复视、眼球震颤、步态不稳、行动笨拙、共济失调等，易并发外伤。

3. 昏迷期 表现为昏睡、瞳孔散大、体温降低、心率增快、血压降低、呼吸减慢并有鼾音，严重者因呼吸、循环衰竭而死亡。

（二）应急处理

当在大量饮酒后，出现兴奋期表现，要注意安静休息，保证睡眠。不可让醉酒者单独休息，以防呕吐物误吸阻塞气管时，因醉酒者意识不清，无人及时发现从而出现意外。因大量饮酒出现昏迷时，一定要及时拨打120送往医院救治（图4-20-1）。

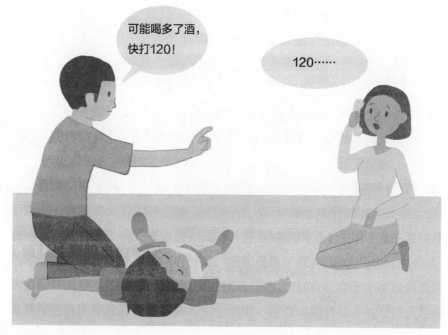

图 4-20-1　急性酒精中毒

（三）预防

青少年饮酒不仅会影响他们的身体发育，同时还会危害他们的智力发育，青少年不要饮酒，更不能饮酒过度。防患于未然，为预防青少年饮酒给出以下建议。

（1）要充分认识酒的危害，尽量远离。若饮酒，应掌握好量，切勿酗酒。

（2）不要空腹饮酒。空腹饮酒，乙醇吸收快，易引起中毒。

（3）饮酒过量时，用探咽催吐的办法尽快排出胃内乙醇，减少乙醇的吸收，减轻中毒。

（4）早期发现自己的嗜酒行为，告知家长。早期戒酒，进行相关并发症治疗及康复治疗。

第二十一节　药物滥用

药物滥用是指反复、大量地使用具有依赖性特性或依赖性潜力的药物，这种用药与公认的医疗需要无关，属于非医疗目的用药。滥用的药物有非医药制剂和医药制剂，其中包括禁止医疗使用的违禁物质和列入管制的药品。药物滥用可导致药物成瘾，以及其他行为障碍，引发严重的公共卫生和社会问题。近年来，药物滥用人群有年轻化趋势，在青少年中亦较为常见，值得社会进一步的关注。

（一）药物滥用的理解

具体解释药物滥用可以从下面 4 点（图 4-21-1）。

（1）不论是药品类型，还是用药方式和地点都是不合理的；

（2）没有医生指导而自我用药，这种自我用药超出了医疗范围和剂量标准；

（3）使用者对该药不能自拔并有强迫性用药行为；

（4）由于使用药物，而往往导致精神和身体危害、社会危害。

图 4-21-1　药物滥用

（二）药物滥用的范围

1. 麻醉药品　如阿片类、可卡因类、大麻类等。

2. 精神药品　包括中枢抑制剂，如镇静催眠药；还有中枢兴奋剂，如咖啡因；此外还有致幻剂，如麦司卡林等。

3. 挥发性有机溶剂　如汽油、打火机燃料和涂料溶剂等，有抑制和致幻作用，具有耐受性，甚至精神依赖性。

4. 烟、酒（本章节已具体讲述）。

（三）药物滥用的危害

1. 对个人的危害

药物滥用者会产生全身各个系统的不良反应，给身心健康带来严重危害。因毒品为非法途径获取，质量差异大及停药后再用机体耐受性降低等会导致中毒死亡。甚至长期滥用药物导致精神抑郁，最终以自杀结束自己的生命。

2. 对社会的危害

吸毒与犯罪可产生互为因果的关系。即吸毒制造了犯罪，而犯罪者更易沾染吸毒、酗酒，严重影响社会道德和社会治安。人群中的药物滥用乃至全局性流行使一个国家在禁毒和戒毒的防、治、管理工作中，消耗大量人、财、物和社会财富，增加了庞大的国家开支。久而久之，定会形成社会与民族危机。

（四）药物滥用的三级预防

1. 药物滥用的一级预防

对有药物滥用潜在危险的社区与人群，特别是青少年和其他易感人群，进行禁毒预防的普及宣传教育。目的是让人们不要去错用、误用和试用毒品。

2. 药物滥用的二级预防

对处于药物滥用高度影响下的社区和存在的药物滥用人群，进行禁毒预防的集中宣传教育。目的是对这部分人早期发现、早期干预和早期控制。

3. 药物滥用的三级预防

积极防止和消除由于药物滥用所带来的对身体和社会的危害。

第二十二节　网　络　成　瘾

互联网的快速发展使得网络成为青少年学习、生活不可或缺的助手，却也导致了许多青少年沉迷于虚拟的网络世界，损害他们的身心健康，严重影响其正常社会功能，从而"网络成瘾"。网络成瘾综合征（internet addiction disorder，简称 IAD），是指在无成瘾物质的作用下，由于过度地使用互联网而最终导致个体的生理机能、心理功能等方面受到损害的行为（图 4-22-1）。

图 4-22-1　网络成瘾

（一）成瘾标准

我国心理学家杨格提出诊断网络成瘾的 10 条标准。

（1）上网时全神贯注，下网后念念不忘"网事"。

（2）总嫌上网时间太少而不满足。

（3）无法控制自己的上网行为。

（4）一旦减少上网时间就会烦躁不安。

（5）一上网就能消除种种不愉快情绪，精神亢奋。

（6）为了上网而荒废学业和事业。

（7）因上网放弃重要的人际交往、工作等。

（8）不惜支付巨额上网费用。

（9）对亲友掩盖自己频频上网的行为。

（10）有孤寂失落感。

杨格认为上述10种情况，在1年间只要有过4种以上，便可诊断为网络成瘾综合征。

（二）网络成瘾表现类型

网络成瘾类型可以划分为5个类型（图4-22-2）。

网络上瘾症状：
- 网络游戏成瘾
- 网络色情成瘾
- 网络关系成瘾
- 网络信息成瘾
- 网络交易成瘾

图4-22-2　网瘾类型

1. 网络游戏成瘾　这类成瘾者沉迷于网络游戏，将大量时间精力和金钱花费于以"攻击、战斗、竞争"为主要成分的网络游戏中。

2. 网络色情成瘾　这类成瘾者沉迷于访问成人色情网站，浏览色情、淫秽信息或图片，在线观看或付费下载成人色情影片或是直接在网上进行赤裸的性交易等。

3. 网络关系成瘾　此类成瘾者流连忘返于各类聊天软件中，将大部分的时间和精力倾注于网络关系和虚拟的感情当中。

4. 网络信息成瘾　这类成瘾者耗费大量的时间浏览各个网页，致力于在网上查找和收集过多的数据、信息或资料，甚至不惜牺牲自己宝贵的学习和工作时间。

5. 网络交易成瘾　此类成瘾者沉迷于在网络上搜罗各种商品，不惜花费大量的时间和金钱盲目地购买大量物品，即便很多东西是没有价值和实用的。还有部分网购者喜好抢拍，将它当成一种乐趣和刺激。

（三）青少年网络成瘾的成因

青少年网络成瘾的原因是复杂而多维的。

1. 青少年自身因素 由于青少年人格等发展尚未成熟，对网络等新事物有强烈的好奇心，他们或是为了摆脱现实生活的压力，或是为了在网上寻求自我实现和价值感，或是为了通过网络社交满足自己交往和归属感的需要，很容易沉溺网络难以自拔。

2. 家庭因素 父母的教养方式不恰当，或是家庭关系不良等都可能导致孩子迷恋上网络。

3. 学校因素 很多学校在学生心理素质、道德教育上重视不够，缺乏安全上网的引导教育，在电脑及网络管理方面制度不够完善，这些都和学生的网络成瘾有一定关系。

4. 社会因素 目前我国经济高速发展，但居民娱乐等公共设施尚不能满足青少年需求，而互联网管理体系不够完善、网络立法尚不健全、网络管理不严格，都为青少年的网络成瘾提供了可能性条件。

5. 网络环境因素 互联网具有极大的诱惑性，其匿名性、便利性、安全性、自由性和虚拟性等可以轻易地吸引青少年，并使很多人上瘾。

（四）网络成瘾的处理

1. 程度较轻的网络成瘾者

可以通过自我调适摆脱网络成瘾的困扰，主要采用以下方法。

（1）科学安排上网时间，合理利用互联网

首先，要明确上网的目标，上网之前应把具体要完成的工作列在纸上，有针对性地浏览信息，避免漫无目的上网。其次，要控制上网操作时间。每天操作累积时间不应超过一个小时，连续操作一小时后休息 30 min 左右；再次，应设定强制关机时间，准时下网。

（2）用转移和替代的方式摆脱网络成瘾

每个人所特有的其他爱好和休闲娱乐方式转移注意力，使其暂时忘记网络的诱惑。例如，喜欢体育运动的人可以通过打球、下棋等方法有效地转移注意力，以减少对网络的依赖。

（3）培养健康、成熟的心理防御机制

研究表明，网络成瘾与人格因素（个性因素）有关，一定的人格倾向使个体易于成瘾，网络只是造成成瘾的外界刺激之一。因此，要不断完善自己的个性，培养广泛的兴趣爱好和较强的个人适应能力，学会合理宣泄，正确面对挫折，只有这样才会形成成熟的心理防御机制，不会一味地躲在虚拟世界中逃避失败与挫折。

2. 程度较重的网络成瘾者

可以通过以下方法达到治愈的目的。

（1）直接隔断与网络的联系

成瘾程度较重的人往往是在下意识的状态下上网的，对于那些明知过度上网只会加重症状而不能自制的成瘾者，可以在他们的亲戚、朋友的帮助下将其与电脑完全隔离一段时间，让他们在这段时间里培养其他的兴趣爱好或者重新安排紧张有序的生活，待到他们能够完全摆脱网络成瘾的困扰后，再针对性地帮助他们科学地安排上网时间。

（2）寻求心理医生的帮助

通过心理咨询，让心理医生与网络成瘾者之间建立良好的医患关系。这样做一面可以从精神上给成瘾者理解和支持，调动他们积极性，树立治愈的信心；心理医生会根据成瘾者的痴迷程度，用准确、生动、专业、亲切的语言分析"电子海洛因"的危害、网络成瘾形成的原因、过程及治疗措施，逐步帮助患者摆脱网络成瘾综合征。

参考文献

［1］ 胡森，波斯尔维斯特 . 教育大百科全书［M］. 张斌贤，等译 . 重庆：西南师范大学出版社，2006.

［2］ 贝克 . 婴儿、儿童和青少年［M］. 桑标，等译 . 上海：上海人民出版社，2008.

［3］ 单光鼐，陆建华 . 中国青年发展报告［M］. 沈阳：辽宁人民出版社，1994.

［4］ 桑特洛克 . 青少年心理学［M］. 寇彧，等译 . 北京：人民邮电出版社，2013.

［5］ 林崇德 . 发展心理学［M］. 北京：人民教育出版社，2009.

［6］ 张文新 . 青少年发展心理学［M］. 济南：山东人民出版社，2002.

［7］ 黄志坚 . 谁是青年？——关于青年年龄界定的研究报告［J］. 中国青年研究，2003（11）：31-41.

［8］ 盛秋鹏 . 青少年心理健康［M］. 北京：人民卫生出版社，2008.

［9］ 高云山 . 青少年心理健康［M］. 北京：科学出版社，2017.

［10］ 周天梅 . 青少年发展心理学研究［M］. 成都：西南交通大学出版社，2007.

［11］ 林崇德，黄希庭，杨治良 . 心理学大辞典［M］. 上海：上海教育出版社，2003.

［12］ ANDERSON C A, SUZUKI K, SWING E L, GROVES C L, GENTILE D A, PROT S, PETRESCU P. Media violence and other aggression risk factors in seven nations［J］. Personality and Social Psychology Bulletin, 2017, 43(7): 986-998.

［13］ COHEN A O, BREINER K, STEINBERG L, BONNIE R J, SCOTT E S, TAYLOR-THOMPSON K, CASEY B J. When is an adolescent an adult? Assessing cognitive control in emotional and nonemotional contexts［J］. Psychological Science, 2016, 27(4): 549-562.

［14］ 靳宇倡，李俊一 . 暴力游戏对青少年攻击性认知影响的文化差异：基于元分析视角［J］. 心理科学进展，2014，22（8）：1226-1135.

［15］ 张晓娟 . 浅谈中学生的安全教育［J］. 教育教学论坛，2017，9（19）：71-72.

［16］ 陈功 . 当前中学生安全教育存在的问题及对策研究［D］. 武汉：华中师范大学，2015.

［17］吴群红，杨维中．卫生应急管理［M］．北京：人民卫生出版社，2013．

［18］王陇德．卫生应急工作手册［M］．北京：人民卫生出版社，2005．

［19］沈洪，刘中民．急诊与灾难医学［M］．第二版．北京：人民卫生出版社，2013．

［20］成美娟，王瓦利．青少年意外伤害应急读本［M］．北京：世界图书出版公司，2013．

［21］路建超，刘峰，张宇池．青少年意外伤害［J］．中国卫生事业管理，2002，18（6）：364-365．

［22］王萍．儿童青少年意外伤害的研究现状［J］．广西医学，2006，18（11）：1753-1755．

［23］余小鸣，张译天，黄思哲，段佳丽，万幸．青少年意外伤害与健康危险行为的关联研究［J］．中华行为医学与脑科学杂志，2017，26（2）：163-166．

［24］欧阳云，张红霞．让青少年远离危险［M］．西安：陕西人民美术出版社，2011．

［25］高溥超，高桐宣．怎样让孩子远离意外伤害［M］．合肥：安徽科学技术出版社，2006．

［26］王刚．家庭急救与自救随身查［M］．天津：天津科学技术出版社，2013．

［27］法永红，王一霖，顾晓明．口腔颌面部异物临床分析［J］．实用口腔医学杂志，1995，11（4）：260-262．

［28］李定国．小症状大隐患第1辑［M］．第3版．北京：中国医药科技出版社，2015．

［29］郭洪泉．咽喉异物取出术1286例体会［J］．中国综合临床，2004，20（13）：43．

［30］孟昭泉，孟靓靓．新编临床急救手册［M］．北京：中国中医药出版社，2014．

［31］〈安全急救2888〉编委会．安全急救2888［M］．长春：吉林科学技术出版社，2010．

［32］赵斯君．儿童呼吸道异物紧急救治［M］．长沙：湖南科学技术出版社，2010．

［33］唐忠善，崔延铭，唐凌．图解家庭急救全书［M］．西安：世界图书西安出版公司，2012．

［34］刘晖，王建刚，张晓彤，等．食管异物1252例临床分析［J］．中国临床医学，2005，12（8）：669-671．

［35］赵曌．性侵未成年人问题研究及域外经验借鉴［J］．法制与社会，2017，3：69-73．

［36］郝宏奎．论劫持人质案件的特点［J］．江苏警官学院学报，2006，21（3）：47-55．

［37］孟庆轩．意外灾害的急救自救［M］．北京：中国社会出版社，2008．

［38］钟森，夏前命．突发公共事件应急医学［M］．四川：四川科学技术出版社，2012．

［39］赵玉英．人体触电与急救［J］．临床心身疾病杂志，2007，13（4）：372-373．

［40］桂良愿，彭潇．雷击伤特点及现场救治要点［J］．医学信息，2016，29（11）：381．

［41］李晓愚．家庭急救常识［M］．重庆：重庆大学出版社，2014．

［42］杨汗生.儿童青少年意外伤害研究动态［J］.中国校医，1996，10（4）：310-313.

［43］王林清.儿童青少年对意外伤害认知和行为的调查分析［J］.医学动物防制，2006，22（11）：787-789.

［44］刘军艳.舒适护理在外科护理中的应用［J］.中国医药导报，2009，6（5）：85-85.

［45］王强，沈惠良.挤压综合征诊治探讨［J］.临床骨科杂志，2001，4（4）：303-304.

［46］田万成，朱大成，潘风雨，等.炸伤及创伤下肢残肢的假肢装配及功能康复训练［J］.实用医药杂志，2008，25（4）：396-397.

［47］谭宗奎，陈庄洪.钝伤2174例临床分析及死亡原因探讨（创伤严重度评分的应用）［J］.医学理论与实践，1995，8（10）：453-455.

［48］谭宗奎，陈庄洪.不同高度坠落伤的致伤规律及伤情特点［J］.中华创伤杂志，1996，12（2）：135-136.

［49］黄华庭，黄兆栋.治疗关节炎90例初步分析［J］.广东医学，1965，2：20-21.

［50］胡利人，陈观进.青少年伤害发生率及其影响因素研究［J］.现代预防医学，2000，27（2）：154-157.

［51］张士平.颈部刀割伤病人的院前急救护理［J］.护理研究，2014，28（12）：1421-1423.

［52］王晓婷.处理小外伤的科学方法［J］.四川农业科技，2000，（10）：41.

［53］周波，舒钧.足部辗砸伤的早期治疗［J］.现代医药卫生，2005，21（7）：793-794.

［54］张翠萍，丁桂兰.烧伤的预防［J］.社区医学杂志，2006，4（11）：72-73.

［55］钱苏林.毒虫咬伤临床表现及治疗［J］.中外健康文摘，2012，9（7）：268.

［56］周平.蜂螫伤死亡原因分析及救治体会［J］.中华急诊医学，2001，10（4）：276.

［57］翟平民.常见中毒与急救［M］.北京：北京科学技术出版社，2008.

［58］周荣斌，程霞.常见有害气体中毒的急救及药物应用［J］.中国实用内科杂志，2007，27（25）：1162-1166.

［59］彭吾训.动物咬伤急救常识［M］.贵阳：贵州科技出版社，2013.

［60］郑黎晖，姚焰，张澍.欧洲心律协会2011年心悸诊疗专家共识解读［J］.心血管病学进展，2012，33（2）：161-163.

［61］陈明清.青少年头痛187例分析［J］.中国误诊学杂志，2007，7（8）：1794-1795.

［62］吴晓云.心脏相关性胸痛的早期识别与处理［J］.实用儿科临床杂志，2012，27（13）：981-982.

［63］黄俊景，蒋瑾瑾，周霖.儿童再发性腹痛研究进展［J］.中华临床医师杂志（电子版），2012，6（12）：3372-3373.

［64］王陶丽.在校青少年急腹症121例随访分析［J］.山西医药杂志，2014，43

（19）：2323-2325.

［65］杨潇潇，李燕，王继光，初少莉，朱鼎良，高平进.住院青少年高血压患者临床资料分析［J］.中华高血压杂志，2011，19（6）：524-528.

［66］温勒.朱雨岚.儿童和青少年头痛［M］.王维治译.北京：人民卫生出版社，2011.

［67］刘庄.感染性腹泻总论［J］.中国临床医生杂志，2009，37（10）：16-18.

［68］王秀琼.一次学生食物中毒的病因分析［J］.中国保健营养，2017，27（15）：393.

［69］晓丹，凌笋昂.甲流预防勿恐慌［J］.中国保健营养，2009，（12）：81-83.

［70］余子华.注意饮食预防甲流［J］.广西质量监督导报，2009，（11）：22.

［71］何乐.甲流［J］.中国市场，2010，（5）：35.

［72］吴东，许文兵，陈嘉林.咳嗽［J］.中华全科医师杂志，2010，（7）：481.

［73］范茜茜，黄静，方章福.机动车尾气污染物对咳嗽的影响［J］.国际呼吸杂志，2017，37（7）：553-556.

［74］汤泰秦.支气管哮喘的预防［J］.实用医学杂志，2001，17（7）：571-573.

［75］张小六.哮喘突发的初步处理［J］.祝您健康，2015，36（1）：52-52.

［76］杨贺成，卢强，杨荫昌.肌阵挛发作癫（痫）共济失调［J］.中国现代神经疾病杂志，2014，14（3）：266-270.

［77］张郁文，王怀谷，刘晓林.中小学生癫痫病208例分析［J］.中国学校卫生，2000，21（6）：500-503.

［78］葛均波，徐永健.内科学（第八版）［M］.北京：人民卫生出版社，2013.

［79］过敏性鼻炎皮下免疫治疗专家共识（2015）［J］.中国耳鼻咽喉头颈外科，2015，22（8）：379-404.

［80］颜廷斐.过敏性皮炎患者IL-4和IL-13以及EBV抗体的检测及临床意义［D］.青岛大学，2013.

［81］李学信.社区卫生服务实用手册［M］.南京：东南大学出版社，2008.

［82］黄祖瑚，李军，黄茂.感染病临床处方手册（第2版）［M］.南京：凤凰出版传媒集团江苏科学技术出版社，2010.

［83］孙爱华.耳聋的临床诊断与治疗［J］.中华临床医师杂志（电子版），2012，6（2）：277-281.

［84］BAUDONCK N, DHOOGE I, VAN LIERDE K. Intelligibility of hearing impaired children as judged by their parents：A comparison between children using cochlear implants and children using hearing aids［J］. J Pediatr Otorhinolaryngol, 2010, 74(11): 1310-1315.

［85］黄选兆，汪吉宝，孔维佳.实用耳鼻咽喉头颈外科学［M］.北京：人民卫生出版社，2007.

［86］孙宝春，戴朴.感音神经性耳聋中内耳畸形的分类以及与SLC26A4、GJB2基因关系的研究［D］.中国人民解放军军医进修学院，2011.

［87］韩德民.临床听力学［J］.听力学及言语疾病杂志，2007，15（1）：1-3.

［88］翟所强.聋病的临床听力学特点分析［J］.中华耳科学杂志，2011，9（2）：236-240.

［89］赵守琴.振动声桥植入［J］.听力学及言语疾病杂志，2011，19（5）：394-395.

［90］王亮，张道行，董明敏.听觉脑干植入的临床应用［J］.中国医学文摘耳鼻咽喉科学，2004，19（3）：145-148.

［91］南小峰.脊柱侧弯的保守治疗［M］.杭州：浙江工商大学出版社，2017.

［92］费申科.脊柱侧弯［M］.陆明译.北京：清华大学出版社，2012.

［93］王睛.牙病就医指南［M］.北京：科学出版社，2017.

［94］樊明文.牙体牙髓病学（第4版）［M］.北京：人民卫生出版社，2012.

［95］孟焕新.牙周病学（第4版）［M］.北京：人民卫生出版社，2012.

［96］褚仁远.眼病学［M］.北京：人民卫生出版社，2011.

［97］智淑平.青少年近视眼——预防与矫正［M］.北京：人民卫生出版社，2011.

［98］项道满，于刚.儿童眼病诊疗常规［M］.北京：人民卫生出版社，2014.

［99］中华医学会肝病学分会，中华医学会感染病学分会.慢性乙型肝炎防治指南（2015版）［J］.中华肝脏病杂志，2015，23（12）：888-905.

［100］刘冬莲.立体定向治疗脑绦虫病的护理［J］.解放军护理杂志，2009，26（14）：49-50.

［101］刘群红，何云鹏，陶慧慧，等.淮南地区曼氏迭宫绦虫病流行的危险因素调查［J］.中国人兽共患病学报，2012，28（1）：88-90.

［102］王红艳，包怀恩，戎聚全.都匀市亚洲牛带绦虫病感染危险因素分析［J］.中国公共卫生，2007，23（8）：1008-1009.

［103］涂晓艳.传染病与国家安全［M］.北京：社会科学文献出版社，2016.

［104］李兰娟，任红.传染病学（第8版）［M］.北京：人民卫生出版社，2013.

［105］王宇明，李梦东.实用传染病学（第4版）［M］.北京：人民卫生出版社，2017.

［106］宋江美，周兰英，林素兰.传染病护理学［M］.北京：科学技术文献出版社，2014.

［107］蔡尔慧，叶丹彦，蔡绍先，等.青少年饮酒行为影响因素及教育对策分析［J］.

中国儿童保健杂志，2011，19（10）：963-965.

[108] 秦广彪，马羽，张伟．药物成瘾机制与治疗的研究进展［J］．中国康复理论与实践，2009，15（12）：1144-1146.

[109] 张学军．皮肤性病学（第八版）［M］．北京：人民卫生出版社，2013.

[110] 谢幸，苟文丽．妇产科学（第八版）［M］．北京：人民卫生出版社，2013.

[111] 王菊英．青少年重复人工流产心身症状及避孕行为调查［J］．中国现代医生，2012，50（3）：13-15.

[112] 方晓义，刘璐，邓林园，等．青少年网络成瘾的预防与干预研究［J］．心理发展与教育，2015，31（1）：100-107.

[113] 程文香．青少年网络成瘾综述［J］．科技经济市场，2016，（1）：179-181.

[114] 邓验，曾长秋．青少年网络成瘾研究综述［J］．湖南师范大学社会科学学报，2012，41（2）：89-92.

[115] 张金秀，王权红，张庆林．青少年吸烟行为的心理及行为特征［J］．中国临床康复，2005，（48）：119-121.

[116] 方晓义，林丹华．青少年吸烟行为的预防与干预［J］．心理学报，2003，（3）：379-386.